高等职业学校中西面点工艺专业教材

西点工艺
实训教程

The Training Course of
Western Pastry

张桂凤

李文武　主编

于宏刚

中国轻工业出版社

图书在版编目（CIP）数据

西点工艺实训教程 / 张桂凤，李文武，于宏刚主编. —北京：中国轻工业出版社，2025.2

高等职业学校中西面点工艺专业教材

ISBN 978-7-5184-3308-7

Ⅰ.①西…　Ⅱ.①张…②李…③于…　Ⅲ.①西点—制作—高等职业教育—教材　Ⅳ.①TS213.2

中国版本图书馆CIP数据核字（2020）第247904号

责任编辑：方　晓　　责任终审：李建华　　整体设计：锋尚设计
策划编辑：史祖福　　责任校对：朱燕春　　责任监印：张　可

出版发行：中国轻工业出版社（北京鲁谷东街5号，邮编：100040）

印　　　刷：艺堂印刷（天津）有限公司

经　　　销：各地新华书店

版　　　次：2025年2月第1版第3次印刷

开　　　本：787×1092　1/16　印张：9

字　　　数：195千字

书　　　号：ISBN 978-7-5184-3308-7　定价：38.00元

邮购电话：010-85119873

发行电话：010-85119832　010-85119912

网　　　址：http://www.chlip.com.cn

Email：club@chlip.com.cn

版权所有　侵权必究

如发现图书残缺请与我社邮购联系调换

250203J2C103ZBW

本书编写人员

主　　　　编：张桂凤　李文武　于宏刚

副　主　　编：张　坦　庞　阳　尹　俊

参　　　　编：王和涛　冯春婷　于志宏　吕晨雪

　　　　　　　李嘉珂　方媛媛　张敖奇

本书专家委员会： 李　达　姜玉鹏　王　鑫　宫恩龙

　　　　　　　　　姜玲玲　刁洪斌　邱心显　陈　赞

　　　　　　　　　王志兴　王振才　刘寿华　沈玉宝

　　　　　　　　　王桂云　王建明　李　军　石增业

　　　　　　　　　刘立新　刘俊新　王珊珊　邢文君

　　　　　　　　　姚金侠

序言

教材是教学改革的体现形式，是学生获取知识、提升能力的基本途径，也是传承民族文化的重要载体。职业院校教材建设对于培养高素质劳动者和技术技能人才，提升新时代职业教育现代化水平具有重要意义。

《国家职业教育改革实施方案》明确要求将"新技术、新工艺、新规范纳入教学标准和教学模式"，建设一大批校企"双元"合作开发的国家规划教材，倡导使用新型活页式、工作手册式教材并配套开发信息化资源，以适应"互联网+职业教育"发展需求。《职业院校教材管理办法》从国家层面提出了今后一个时期职业教育教材建设的整体规划，明确了新时代职业教育教材建设的新要求。

在这样的政策要求下，青岛酒店管理职业技术学院高度重视教材建设，成立了学院教材委员会，严格教材审核、编写机制，以"双高计划"建设为契机，以课程建设为统领，以促进人才培养、推进教学改革为核心，以产教融合、校企合作为重点，鼓励教师编著校企"双元"合作开发的规划教材、职业教育新形态教材，加强教材信息化资源平台建设，编著了一批符合职业教育特点、广受学生欢迎的教材。由青岛市首席技师、青岛市技术能手、青岛市烹饪大师张桂凤、李文武和于宏刚主编的《西点工艺实训教程》就是其中的代表。

本教材贯穿办好新时代职业教育的新理念，融入餐饮行业新技术、新工艺、新规范，对接西式面点师岗位高级职业资格标准，以学生技能培养为主线，突出工艺理论与操作技能的有机结合，满足中西面点工艺专业学生实训实习教学的需要。本教材以西点品种标准化制作为主要内容，对具有代表性的西点和餐饮市场流行西点兼容并蓄，系统讲述了原料配方、设备器具、操作手法、流程标准、技术要领等关键技能点，对促进中西面点工艺专业实训实习具有重要的参考价值。

教学改革，改到深处是课程，改到痛处是教师，改到实处是教材。愿中西面点工艺专业以《西点工艺实训教程》出版为契机，聚焦"三教"改革，推进课程建设，加快教材改革与创新，为经济社会培养更多的技术技能型人才。

是为序。

青岛酒店管理职业技术学院党委书记

李志

2020年6月

于山东青岛

新时代高等职业教育坚持以习近平新时代中国特色社会主义思想为指导，全面贯彻党的二十大精神和全国教育大会精神，落实《国家职业教育改革实施方案》，结合行业人才需求，针对高职烹饪类专业实训课程特点，体现现代职业教育新理念，既注重理论知识的传授，更突出技能的培养，按照专业人才培养规格，强调教材的科学性、标准化和实用性。

栉风沐雨砥砺前行，春华秋实满园芳华。为了更好地传承和发扬中国烹饪技艺，满足面点工艺专业学生实训实习教学的需要，使学生能够更好地学习和掌握西点技术，提升专业技能水平，无缝对接西式面点师岗位高级职业资格标准，我们组织编写了《西点工艺实训教程》。本教材由青岛市烹饪大师、餐饮业国家级评委、高级技师、青岛市首席技师、青岛市技术能手、面点师工种状元张桂凤、李文武和于宏刚担任主编，制定操作流程，并提炼出经典流行西点品种，本教材知识全面、操作规范、流程标准。

本教材通俗易懂，专业实用性强，是高职类烹饪专业实训实习指导的必备教材，也是餐饮行业从业人员和烹饪爱好者的学习参考读物。内容以技能培养为主线，学做一体，与西式面点工作岗位要求无缝衔接，注重理论实践一体化体系构建，理论知识、操作技能与职业素养三位一体，突出工艺理论与操作技能的有机结合，并辅以大量图片、案例和技能操作关键点，让学生可以直观地了解原料配方、设备器具、操作过程和技术要领。既有利于教师教学安排也有利于学生学习和掌握，更有利于学生实践操作技能的提高和职业习惯的养成。

本教材以西点品种标准化制作为主要内容，对其他具有代表性的西点和餐饮市场流行西点兼容并蓄，共60例。在内容的编排上，根据学生的认知规律，由浅入深，由易到难，从职业素养、设备操作规范、原料配方、操作手法、生产流程、注意事项、成品特点等环节进行详细介绍，为学生学习和教师教学提供了科学的参考，使实训实习教学更加科学化、标准化、规范化。

本教材在编写过程中得到了餐饮行业专家和青岛酒店管理职业技术学院领导和教务处、各专业教师的大力支持，在此表示感谢！

由于编写时间仓促，书中难免有疏漏之处，敬请同行、专家及广大读者斧正，使之日臻完善。

编者

2020年8月

目录

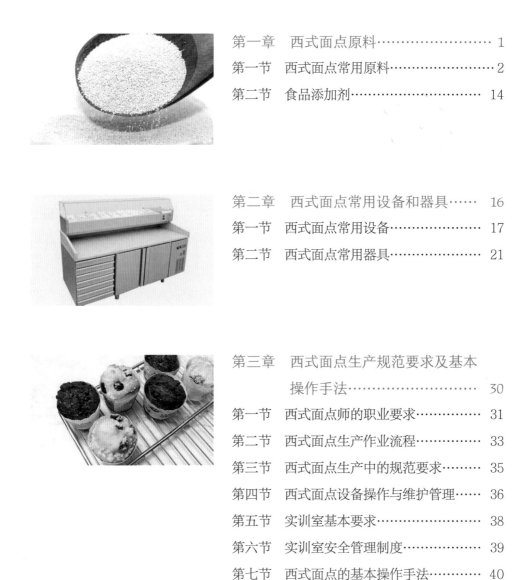

第一章 西式面点原料 …………………… 1
第一节 西式面点常用原料 ………………… 2
第二节 食品添加剂 ………………………… 14

第二章 西式面点常用设备和器具 ……… 16
第一节 西式面点常用设备 ………………… 17
第二节 西式面点常用器具 ………………… 21

第三章 西式面点生产规范要求及基本
操作手法 ………………………… 30
第一节 西式面点师的职业要求 …………… 31
第二节 西式面点生产作业流程 …………… 33
第三节 西式面点生产中的规范要求 ……… 35
第四节 西式面点设备操作与维护管理 …… 36
第五节 实训室基本要求 …………………… 38
第六节 实训室安全管理制度 ……………… 39
第七节 西式面点的基本操作手法 ………… 40

第四章　西式面点制作工艺及技术 … 42

第一节　蛋糕类…………………………43

第二节　饼干类…………………………68

第三节　面包类…………………………98

附录　西式面点品种质量诊断案例…123

戚风蛋糕…………………………………124

可颂面包…………………………………127

面包………………………………………129

吐司………………………………………131

泡芙………………………………………133

参考文献……………………………135

第一章

西式面点
原料

第一节
西式面点常用原料

一、面粉

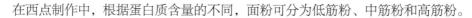

英文名：cake flour / plain flour

主要营养成分：**碳水化合物、蛋白质等**

储存方式：**防潮、阴凉、密封**

图1-1　面粉

面粉是小麦磨制而成，是制作西式面点的主要原料（图1-1）。面粉的主要成分是淀粉和蛋白质，含有少量的脂肪、维生素和矿物质。

在西点制作中，根据蛋白质含量的不同，面粉可分为低筋粉、中筋粉和高筋粉。

低筋粉，又称糕点粉，蛋白质和面筋含量低，含麸量多于中筋粉，色稍黄，适合制作蛋糕及饼干制品。

中筋粉，是介于高筋粉与低筋粉之间的一类面粉，含麸量少于低筋面粉，色稍黄，适合制作水果蛋糕及借助化学膨松剂膨大的制品。

高筋粉，又称面包粉，蛋白质和面筋含量高，含麸量少，本身较有活性且光滑，手抓不易成团状，制成的面团稳定性好，适合制作面包类制品。

二、淡奶油

英文名：whipping cream

主要营养成分：**脂肪、碳水化合物等**

储存方式：**冷藏**

对牛奶进行脱脂处理时，被脱下来的奶油层是鲜奶油，对鲜奶油进行打发后，就会得到淡奶油（图1-2），淡奶油又叫稀奶油。淡奶油的脂肪含量一般在30%～36%之间，打发成固体后可以装饰各类裱花蛋糕。

因为动物奶油相对于植物奶油更健康，本身不含糖，所以打发的时候要加糖。动物奶油用法跟植物奶油基本一样，但是其融化温

图1-2　淡奶油

度比植物奶油要低一些，可用来制作奶油蛋糕、冰淇淋、慕斯蛋糕、提拉米苏等，如果做面包的时候加一些，会让面包更加松软。

　　淡奶油在储存时不能冷冻，否则会影响奶油品质。已打发的奶油，可于2～7℃冷藏室储存3天。

三、牛奶

英文名：milk

主要营养成分：**蛋白质、钙等**

储存方式：**冷藏**

　　牛奶是膳食中蛋白质、钙、磷、维生素A、维生素D和维生素B_2的重要来源之一。牛奶主要是由水、脂肪、蛋白质、乳糖、矿物质和维生素等组成的一种复杂乳胶体（图1-3），其中水分含量为86%～90%。

图1-3　牛奶

　　牛奶是烘焙中用到最多的液体原料，它常用来取代水，既有营养价值又可以提高蛋糕、面包及点心的品质，可以调整面糊的稠度，增加西点内的水分，让组织更细腻。牛奶中的乳糖可增加点心的口感及香味。

四、干果

英文名：dried fruit

主要营养成分：**蛋白质、维生素等**

储存方式：**防潮、阴凉、密封**

图1-4　干果

　　干果，即果实果皮成熟后呈干燥状态的果子（图1-4）。干果又分为裂果和闭果两种，它们大多含有丰富的蛋白质、维生素、脂质等。干果类食物可以直接食用，用作零食。因为其独特的口感，所以可以和很多柔软材料进行搭配，以增加西点的丰富性，干果在烘焙之后会散发出诱人的香气，跟蛋奶结合口味更加突出，也可以做表面装饰，不同类型的干果形态和颜色各异，是天然的甜品点缀材料。

五、朗姆酒

英文名：rum

主要营养成分：**蛋白质、脂肪、糖、维生素、钠**

储存方式：**避光保存**

　　朗姆酒，是以甘蔗糖蜜为原料生产的一种蒸馏酒，也称为糖酒、蓝姆酒，原产地为古巴。朗姆酒口感甜润、芬芳馥郁。朗姆酒是用甘蔗压榨出来的糖汁，经过发酵、蒸馏而成，可分为黑朗姆酒（图1-5）和白朗姆酒（图1-6）。

图 1-5　黑朗姆酒

　　黑朗姆酒色深，且香味和口感都比较浓厚，适用于色深、味浓的点心，经常用于巧克力的制作。朗姆酒可以用来腌渍干果，朗姆酒葡萄干就是最有代表性的腌渍干果之一。如果使用黑朗姆酒的话，干果颜色会变得不再鲜艳。与黑朗姆酒相比，白朗姆酒味道更温和、清淡。因白朗姆酒无色，可以不用担心它会损坏甜点及干果的颜色。腌渍干果时，如果一定要保留颜色鲜艳的话可以用白朗姆酒。

图 1-6　白朗姆酒

六、酵母

英文名：yeast

主要营养成分：**蛋白质、糖、多种氨基酸等**

储存方式：**防潮、阴凉、密封**

图 1-7　酵母

　　酵母是一种肉眼看不见的微小单细胞微生物（图1-7），能将糖发酵成酒精和二氧化碳，分布于整个自然界，是一种典型的异养兼性厌氧微生物，在有氧和无氧条件下都能够存活，是一种天然发酵剂。它具有活性高、发酵速度快、使用方便、不需低温冷藏等特点。

　　酵母是面包生产中不可缺少的原料之一，酵母使用量与酵母的种类、发酵力、发酵工艺、产品配方等因素有关，在实际操作中应根据具体情况来调整。酵母发酵适宜温度在27～32℃，最适温度为27～28℃。温度太高，酵母衰老得快，易产生杂菌，使面包变酸。发酵时间由酵母用量、发酵温度和面团含糖量等因素决定。高浓度的糖、盐都有可能抑制酵母发酵。在10℃以下时，酵母活性几乎完全丧失，所以在搅拌面团时，不能用冰水与酵母直接接触，以免破坏酵母的活性。酵母对温度的变化最敏感，它的活性和发酵耐力随着温度变化而改变，需要根据季节变化调整水温来控制面团的温度。春、秋、冬季可用30～40℃的温水来搅拌，酵母可以直接添加在水中。夏季多用冷水搅拌，可以将酵母拌入面粉中再投入搅拌机中进行搅拌。

酵母在面包制作中具有使面团膨胀、制品体积膨大、组织疏松柔软、改善面筋结构、改善制品风味、增加产品营养价值等作用。

七、巧克力

英文名：chocolate

主要营养成分：**脂肪、碳水化合物**

储存方式：**防潮、阴凉、密封**

图1-8　巧克力

巧克力（图1-8）是以可可浆、可可粉、可可脂、代可可脂、乳制品、白砂糖、香料和表面活性剂等为基本原料，经过混合、精磨、精炼、调温、成形等工序科学加工制成的产品，口感细腻甜美，不但可以直接食用，而且也是制作西点装饰的理想材料，常作为面包、蛋糕、小西点的馅心、夹层和表面涂层、装饰配件，赋予制品浓郁而美妙的香味、华丽的外观品质、细腻润滑的口感和丰富的营养价值。

巧克力在室温下（大约18℃）避光、阴凉干燥处保存，巧克力内的油脂结晶可以保持稳定，产品坚实带有脆性，外表保持光亮的色泽。储藏时间可达4周以上，最多可达1年。

八、鸡蛋

英文名：egg

主要营养成分：**蛋白质、卵磷脂、碳水化合物等**

储存方式：**冷藏**

图1-9　鸡蛋

鸡蛋（图1-9）是西点生产中使用的主要原料，用于各种西点制作，是西点的重要原料之一。鸡蛋具有起泡性，即蛋白形成膨松稳定的泡沫性质，在搅打时与拌入的空气形成泡沫，增加了产品的膨胀力和体积，当烘烤时，泡沫内的空气受热膨胀；鸡蛋具有凝固性，蛋品中含有丰富的蛋白质，蛋白质受热凝固，能使蛋液黏结成团，成熟时不会分离，保持产品的形状完整；鸡蛋具有乳化性，由于蛋黄中含有丰富的卵磷脂和其他油脂，而卵磷脂是一种非常有效的乳化剂，蛋黄在冰淇淋、蛋糕、奶油中起乳化的作用。

鸡蛋在西点中的作用：

（1）提高制品的营养价值　鸡蛋中含有大量的蛋白质、脂肪、维生素和矿物质等人体不可缺少的营养物质。

（2）改善制品的色泽，保持柔软性　面包、点心在烘烤时刷上蛋液，不仅能改变表面的颜色，还可以使其呈现光亮的金黄色，并能防止内部水分的蒸发，保持柔软度，增加蛋香味，改善其组织状态。

九、白砂糖

英文名：white-granulated sugar

主要营养成分：**碳水化合物、钙**

储存方式：**防潮、阴凉、密封**

图1-10　白砂糖

砂糖分为赤砂糖和白砂糖（图1-10）。白砂糖简称砂糖，是食糖的一种，是从甘蔗或甜菜中提取糖汁，经过滤、沉淀、蒸发、结晶、脱色和干燥等工艺而制成。其颗粒为结晶状，纯度高，颗粒细密均匀，颜色洁白，甜味纯正，甜度稍低于红糖，是西点烘焙中常用的一种原料。

糖在西点烘焙产品中，不仅对产品的色、香、味、形起到重要的作用，增加制品甜味，提高营养价值，也是酵母的主要能量来源之一。糖具有吸湿性，可使产品保持柔软和光滑细腻的状态，增长保鲜期，糖在一定条件下可发生焦糖化反应，提供产品的色泽和香味、改善面团的物理性质及面包内部的组织结构。

十、盐

英文名：salt

主要营养成分：**氯化钠**

储存方式：**防潮、阴凉、密封**

盐（图1-11）是制作面包的四大基础原料之一，虽用量不

图1-11　盐

多，但不可缺少。盐本身除能赋予面包咸味之外，它还能突出其他材料的香味，有提香、提甜、提鲜的作用。盐在面包中的作用，跟砂糖的甜味互相补充，增进制品的风味。盐可以调理面筋，增加面筋的弹性，产生相互吸附作用，可以使面包内部产生比较细密的组织，所以能使烤熟了的面包内部组织的色泽比较白，并且有光泽，蜂窝壁薄而透，从而改善面包内部的组织。盐在面包中所引起的渗透压作用，延迟了细菌的生长，有时甚至可以杀掉细菌。因为盐有抑制酵母发酵的作用，可以通过盐的增加或减少调节和控制发酵速度。完全没有加盐的面团虽然发酵快速，但发酵情形却极不稳定，尤其在天气炎热时，更难控制正常的发酵时间，容易发生发酵过度的情形，面团因而变酸。因此，盐可以说是一种"稳定发酵"作用的材料。盐在烘焙中起重要作用，一定要充分利用好其特性，按照配方比例添加，面包中盐的含量一般为2%。

十一、可可粉

英文名：cocoa powder

主要营养成分：**生物碱、蛋白质、多种氨基酸、铜、铁、锰等微量元素以及维生素A、维生素D、维生素B$_1$等**

储存方式：**防潮、阴凉、密封**

图1-12　可可粉

　　可可粉是由可可豆磨制而成的棕褐色粉末（图1-12），具有浓烈的可可香气，香味纯正、粉质细腻，是西点的常用辅料之一，可与面粉混合制作各种巧克力蛋糕、饼干、面包，与奶油一起调制巧克力奶油膏，用于装饰各种蛋糕和西点，还可以直接撒在蛋糕和面包表面做装饰。

十二、抹茶粉

英文名：matcha

主要营养成分：**茶多酚、茶氨酸等**

储存方式：**防潮、阴凉、密封**

　　抹茶粉（图1-13）是采用天然石磨碾磨成微粉状的蒸青绿茶，是迄今为止，最新鲜、最具营养的一种茶品。因其天然的鲜绿色泽，所以增强了消费者的消费欲望。

图1-13　抹茶粉

烘焙用抹茶粉，是将特定的绿茶品种磨成超细微粉状，再进行蒸汽杀青。因为抹茶粉中无添加剂、无防腐剂、无人工色素，所以除了直饮外，又被广泛用于食品行业，由此衍生了品种繁多的抹茶甜点。

十三、淀粉

图1-14　淀粉

英文名：starch

主要营养成分：**多糖**

储存方式：**防潮、阴凉、密封**

淀粉（图1-14）是植物体中储存的养分，储存在种子和块茎中，各类植物中的淀粉含量都较高，大米中含淀粉62%～86%，麦子中含淀粉57%～75%，玉米中含淀粉65%～75%，马铃薯中则含淀粉超过90%。在调制西点面糊时，有时需要在面粉中掺入一定量的淀粉，以降低面糊的筋力。淀粉所具有的凝胶作用，在做派馅时也会用到，淀粉按比例与中筋粉混合是蛋糕粉的最佳替代品，用以降低面粉筋度、增加蛋糕松软口感。

淀粉在焙烤食品中能改善制品加工性能。例如，在蛋糕预拌粉中，淀粉可以调整面糊的黏性和筋力，提高保水能力。

淀粉可提高制品的口感、结构和质量。例如，在焙烤果酱和馅料中，淀粉不仅可以提供良好的口感，而且能够赋予制品耐受烘焙高温的能力。

淀粉使制品符合健康理念，在一些低脂食品中，淀粉能够起到部分替代油脂的功能，而抗酶解淀粉则能起到类似膳食纤维的功效。

十四、酸奶

图1-15　酸奶

英文名：yogurt

主要营养成分：**蛋白质、乳酸菌、钙、碳水化合物**

储存方式：**冷藏**

酸奶（图1-15）是以新鲜的牛奶为原料，加入一定比例的蔗糖，经过高温杀菌冷却后，再加入纯乳酸菌种培养而成的一种奶制品，口味酸甜细滑，营养丰富。酸奶除保留了鲜牛奶的全部营养成分外，在发酵过程中乳酸菌还可以产生人体营养所必需的多种维生素，如维生素B_1、维生素B_2等。其营养价值要高于牛奶和各种奶粉，多用于慕斯、果冻类西点的制作。

十五、干酪

图 1-16　干酪

英文名：cheese

主要营养成分：蛋白质、脂肪、钙、磷

储存方式：冷藏

　　干酪（图1-16）是一种发酵的牛奶制品，是奶在凝化酶作用下，将其中酪蛋白凝固，并在微生物与酶的作用下经较长的生化变化加工而成的。其性质与常见的酸牛奶有相似之处，都是通过发酵过程来制作的，也都含有乳酸菌，但是干酪的浓度比酸奶更高。干酪是固体食物，营养价值也因此更加丰富。干酪的种类很多，蛋糕中运用最多的是奶油干酪，是芝士蛋糕必不缺少的原料之一。

十六、玉米油

英文名：corn oil

主要营养成分：脂肪、维生素

储存方式：避光、常温

　　玉米油（图1-17）又叫粟米油、玉米胚芽油，它是从玉米胚芽中提炼出的油。玉米油澄清透明，油烟点高，很适合快速烹炒和煎炸食物，在高温煎炸时，具有相当好的稳定性。油炸的食品香脆可口，既能保持制品原有的色香味，又不损失营养价值，烘焙中油烟少、无油腻。玉米油的凝固点为−10℃以下，油中含有少量的维生素E，具有较强的抗氧化作用，是制作戚风蛋糕的主要原料之一。

图 1-17　玉米油

十七、奶粉

英文名：milk powder

主要营养成分：蛋白质、脂肪、糖类、矿物质、维生素

储存方式：防潮、阴凉、密封

图 1-18　奶粉

　　奶粉（图 1-18）是以新鲜牛乳或羊乳为原料，用冷冻或加热的方法，除去乳中几乎全部的水分，干燥后添加适量的维生素、矿物质等加工而成的冲调食品，适宜保存。在大多数西点制作中，奶粉可以代替牛乳，加入制品的配方中可以增加成品的营养价值和口感，提高制品的营养价值。

　　奶粉中含有丰富的蛋白质和人体所需的必需氨基酸、维生素和矿物质，可以提高面团的吸水率，提高面团的发酵力，改善制品组织，因此含有奶粉的制品组织均匀、柔软、酥松并富有弹性。

十八、杏仁粉

英文名：almond powder

主要营养成分：脂肪、碳水化合物、蛋白质、膳食纤维、磷、铁、钙

图 1-19　杏仁粉

储存方式：防潮、阴凉、密封

　　杏仁粉（图 1-19）是杏仁研磨加工而来的，常在西点制作中用作烘焙原料，杏仁粉是不含谷物烘焙配方的绝佳选择，丰富的蛋白质适宜于制作速发面包、玛芬、饼干和巧克力棒。与面糊混合可以说是杏仁粉最普遍的一种用法。它可以为费南雪蛋糕、杏仁蛋糕等这一类的甜点增添杏仁的风味及香气。同时也适合用于曲奇饼干、面包等点心的制作，制作出来的点心既保留了原来松软的口感，又添加了杏仁的风味。杏仁粉中大量的蛋白质、不饱和脂肪及膳食纤维，能够增加产品的饱腹感，适用于各类减肥西点。在大多数的配方中，杏仁粉可以按 1：1 的比例替换全麦面粉。 此外，杏仁粉还是制作高品质马卡龙（法式小圆饼）的主要原料之一，用杏仁粉制作的马卡龙会呈现出酥松的口感和清新的杏仁香气，可以说这类点心将杏仁粉的特色淋漓尽致地发挥出来了。

十九、糖粉

英文名：icing sugar

主要营养成分：**糖**

储存方式：**防潮、阴凉、密封**

图1-20　糖粉

　　糖粉（图1-20）是蔗糖的再制品，为纯白色粉状物，吸水快、体轻、溶解速度快，味道与蔗糖相同。适用于水分较少、搅拌时间短的饼干类制品，也可用于西点的装饰及制作大型蛋糕模型等。

　　糖粉由于晶粒细小，很容易吸水结块，因而通常采用两种方式解决：一是传统的在糖粉里添加一定比例的淀粉，使糖粉不易凝结，多用于面包装饰；另一种方式就是把糖粉用小规格铝膜袋包装，然后再置于大的包装袋内密封保存，每次使用一小袋，糖粉通常是直接接触空气后才会结块。

二十、蜂蜜

英文名：honey

主要营养成分：**果糖、葡萄糖、矿物质等**

储存方式：**阴凉、密封**

图1-21　蜂蜜

　　蜂蜜（图1-21）就是蜜蜂采集花蜜酿造而成的。它们来源于植物的花内蜜腺或花外蜜腺，通常我们所说的蜂蜜就是天然蜜，又因来源于不同的蜜源植物，有不同的风味。蜂蜜含有大量果糖和葡萄糖，味极甜。由于蜂蜜为透明或半透明的黏稠体，带有芳香味，所以在西点制作中一般用于有特色的制品。

二十一、饴糖

英文名：maltose

主要营养成分：**麦芽糖、蛋白质、脂肪、维生素B$_2$等**

储存方式：**阴凉、密封**

图1-22　饴糖

　　饴糖（图1-22）又称糖稀、麦芽糖，以谷物为原料，利用淀粉酶或大麦芽酶水解淀粉制成。饴糖主要含有麦芽糖、糊精及少量葡萄糖，一般为浅棕色的半透明的黏稠液体，其甜度不如蔗糖，但能代替蔗糖使用，多用于派类等制品中，还可作为点心、面包的着色剂。

二十二、葡萄糖浆

英文名：glucose syrup

主要营养成分：**葡萄糖、麦芽糖、糊精**

储存方式：**阴凉、密封**

图1-23　葡萄糖浆

　　葡萄糖浆（图1-23）又称淀粉糖浆、液体葡萄糖等。它通常是用玉米淀粉加酸或加酶水解，经脱色、浓缩而制成的黏稠液体。葡萄糖浆主要成分为葡萄糖、麦芽糖和糊精等，易为人体吸收。在制作糖制品时，具有温和适中的甜度、良好的抗结晶性和抗氧化性、适中的黏度和良好的稳定性，从而有利于制品的成形。葡萄糖浆吸湿性高，用于面包、西点中可以保持制品的松软，改善制品的口味，延长保质期。

二十三、起酥油

英文名：shortening

主要营养成分：**油脂**

储存方式：**冷藏**

图1-24　起酥油

　　起酥油（图1-24）是指精炼的动植物油脂、氢化油或这些油脂的混合物，经混合、冷却、塑化而加工出来的具有可塑性、乳化性等加工性能的固态或流动性的油脂产品。起酥油一般不直接食用，是制作食品加工的原料油脂，因而具有良好的加工性能。起酥油外观呈白色或者淡黄色，质地均匀，具有良好的味道和气味。

二十四、黄油

英文名：butter

主要营养成分：**脂肪、蛋白质、胆固醇**

储存方式：冷藏

黄油（图1-25）又称奶油或牛油，是从牛乳中分离加工出来的一种比较纯净的脂肪，具有特殊的芳香，是西点传统使用的油脂，在常温下呈浅黄色固体。黄油乳脂含量不低于80%，水分含量不高于16%，融化温度为28～33℃，含有丰富的维生素A、维生素D和矿物质，亲水性强、乳化性较好、营养价值高，特有的乳香味令制品更加可口。因为黄油可塑性强、起酥性好的特点，所以应用于西点制作中，可使得面团可塑性增强、制品松酥性增加、组织松软滋润，延长制品的保质期。

图 1-25　黄油

二十五、耐热巧克力豆

英文名：chocolate chips

主要营养成分：脂肪、碳水化合物

储存方式：防潮、阴凉、密封

图 1-26　耐热巧克力豆

耐热巧克力豆（图1-26）作为烘焙的辅料，质地结实且脆，不会因为温度的升高而导致熔化和表面霜化，在面包、蛋糕、饼干的制作中加入，可使西点散发着可可清香。

二十六、麦淇淋

英文名：margarine

主要营养成分：蛋白质、脂肪

储存方式：冷藏

麦淇淋（图1-27）即片状黄油，是以氢化油为主要原料，添加适量的牛乳或乳制品、香料、乳化剂、防腐剂、抗氧化剂

图 1-27　麦淇淋

和维生素等经混合、乳化等工序制作而成。它的组织和质地类似奶油，具有良好的起酥性、乳化性和可塑性，储存稳定性好，软硬度可根据各种成分配比来调控，主要用于可颂类面包的制作。

第二节
食品添加剂

一、明胶片

英文名：gelatin

主要成分：蛋白质

储存方式：防潮、阴凉、密封

图 1-28　明胶片

　　明胶（图1-28）是从动物的骨头（多为牛骨或鱼骨）提炼出来的胶质，主要成分为蛋白质。明胶片为白色或淡黄色透明至半透明带有光泽的脆性薄片，不溶于冷水，可溶于热水，能缓慢地吸收5~10倍的冷水而膨胀软化，浸泡时不要重叠，泡软后沥干水分，隔水熔化后再与其他材料混合，是制作冷冻点心的主要原料之一。

二、泡打粉

英文名：baking soda

主要成分：膨松剂

储存方式：防潮、阴凉、密封

图 1-29　泡打粉

　　泡打粉（图1-29）是一种食用型添加剂，它是由小苏打（$NaHCO_3$）粉配合其他酸性材料，并以玉米粉为填充剂的白色粉末。

　　泡打粉是一种复合膨松剂，又称为发泡粉和发酵粉，分香甜型和食用型泡打粉，主要用于点心制品的快速膨发。

三、塔塔粉

英文名：cream of tartar

主要成分：酒石酸氢钾

储存方式：防潮、阴凉、密封

图 1-30　塔塔粉

塔塔粉（图1-30）是制作戚风蛋糕、天使蛋糕必不可少的原料之一。制作这类蛋糕时需要单独搅打蛋白，蛋白是偏碱性的，所以搅打蛋白时加入塔塔粉能中和蛋白的碱性，增加蛋白的韧性，促进蛋白打发，从而使蛋白泡沫更加稳定洁白。

四、乳化剂

英文名：emulgator

主要成分：**脂肪酸甘油单酯**

储存方式：**冷藏**

图1-31 乳化剂

乳化剂（图1-31）是一种多功能的表面活性物质，可在许多食品中使用。在蛋糕中应用的乳化剂又称蛋糕油，是一种膏状乳化剂，具有发泡和乳化作用。它可以缩短搅拌时间，提高蛋糕面糊泡沫的稳定性，改善蛋糕质量，延长保质期，是海绵蛋糕的辅助原料之一。它的使用量与配方中鸡蛋的使用量有很大关系，鸡蛋的用量越多，乳化剂的用量就越少，一般是鸡蛋用量的3%～5%。

第二章

西式面点常用
设备和器具

第一节
西式面点常用设备

一、搅拌机

1. 立式和面机

立式和面机（图2-1）属于面食机械的一种，是西点制作常用的设备。其主要作用就是将面粉和水进行均匀的混合，有助于面筋的形成，是制作高品质面包的主要设备。操作人员使用时要穿好工作服，扎紧袖口、衣角，要干净利落，头发须盘到工作帽内，不准有乱发出现，取面时必须断电，待停止搅拌后再取出面团。

图 2-1　立式和面机

2. 多功能搅拌机

多功能搅拌机（图2-2）主要包括机身、不锈钢桶、搅拌头三部分，一般备有三种搅拌头：网状、片状、勾状。可选用不同的搅拌头，使用不同的功能转速。网状搅拌头最为常用，用于搅打蛋液和糖；片状搅拌头用于搅打奶油和糖；勾状搅拌头用于搅打面团。扳动调节手柄可得到不同的搅拌速度。在使用中须经常检查各部件的牢固性，如有松动及时紧固。

图 2-2　多功能搅拌机

3. 台式搅拌机

台式搅拌机（图2-3）备有三种搅拌头：网状、片状、勾状，主要用于搅拌黄油、奶酪、鲜奶、鸡蛋等，可选用不同的搅拌头，使用不同的功能转速，根据不同原料和料理阶段，按需调节搅拌速度，达到满意效果。因其底部配有防滑脚垫，故能摆放平稳，使用时更安全。

图 2-3　台式搅拌机

二、开酥机

开酥机（图2-4）主要用于各式面包、可颂、饼干整形及各类塔皮的制作，可以使面坯厚薄均匀。操作时，将换向手柄置于中间位置，接通电源，把面坯放在输送带一端，然后将换向手柄上下交置，交替改换轧辊的转向，使面坯在两辊之间左右往返轧薄，成为所需的薄片。开酥机操作简单、方便，有辗压和拉伸双重作用，旁边有调节厚度的刻度，根据制品的特点，调整刻度数字的大小。输送平台不宜承放重物，清洁本机宜用抹布擦洗干净，不得用水冲洗。

图 2-4　开酥机

三、醒发箱

图 2-5　醒发箱

醒发箱（图2-5）又称发酵箱，是面包基本发酵和最后醒发使用的设备，能调节和控制温度与湿度，操作简便。醒发箱分为普通电热醒发箱、全自动控温控湿醒发箱、冷冻醒发箱。普通醒发箱是根据面包发酵原理和要求而设计的电热产品，它是利用电热管加热箱内水盘的水，使箱内产生相对湿度为80%～85%、温度35～40℃的最适合发酵环境。全自动控温控湿醒发箱配备有全自动微电脑触摸式控制面板，液晶显示器能准确反映出醒发箱的温度和湿度，能有效控制发酵过程的温度和湿度。冷冻醒发箱除了具有全自动发酵的全部功能外，还具有定时制冷的功能，使用安全可靠，是提高面包生产质量必不可少的配套设备之一。

四、烤箱

烤箱（图2-6）是利用电热元件所发出的辐射热来烘烤食品的电热工具，利用它可以烘烤蛋糕、面包、西点等。控制部分有控温、定时、报时等显示装置。根据烘烤食品

图 2-6　烤箱

的不同需要，电烤箱的温度一般可在50~250℃范围内调节。烤箱使用方便，适应性强，温度调节简便，在使用中不会产生废气和有毒物质，烘烤出来的产品干净卫生，是西点的必用设备之一。

图 2-7　冰箱

五、冰箱

冰箱（图2-7）是保持恒定低温的一种制冷设备，也是一种使食物或其他物品保持恒定低温冷态的民用产品。主要用于西点原料、半成品或者成品进行冷藏保鲜或者冷冻加工。冷藏室温度一般控制在0~10℃，冷冻室温度在-18℃以下。使用时应根据冷藏和冷冻物品的性质、存放时间的长短、气候条件等因素加以调节。箱体内有压缩机、制冰机用以结冰的柜或箱，带有制冷装置的储藏箱，生熟食物需分开放置。

图 2-8　切片机

六、切片机

切片机（图2-8）的工作原理比较简单，通过切片机锋利的切面，将面包按照比例或宽度切成均匀的薄片，效率高、噪声低、运转静、切削力度平均、切面平整，符合现行卫生标准，用于吐司等面包的切片。切勿用手接触刀片，清洗需用湿抹布擦，切勿用水冲洗。

图 2-9　制冰机

七、制冰机

制冰机（图2-9）是一种将水通过蒸发器由制冷剂冷却后生成冰的制冷机械设备。在夏季多用来调制面包及冷饮。

八、案台

案台（图2-10）是制作西点主要的工作台，有木质案台、不锈钢案台、大理石案台。各种案台可用于不同品种西点的制作。木质案台的台面一般用厚为6～10cm的木板制成，底架有不锈钢制的、木制的。台面材料以枣木为最好，其次是柳木。案台要求结实、牢固、平稳，表面平整、光滑、无缝。不锈钢案台美观大方，清洁卫生，台面光滑光亮，传热性能好，是目前行业中使用较多的一种。大理石案台的台面一般用4cm左右厚的大理石材料制成，大理石案台平整、光滑、散热性能好，抗腐蚀性能强，是做巧克力制品的理想设备。

图2-10 案台

九、分割机

分割机（图2-11）用于把初步发酵的面团均匀分割，并制成一定的形状。该机器设计合理紧凑，分割均匀、完全、不粘边，避免了人工分割造成的大小不匀的问题，适用于各种面包等面团的切割和成形。特点是分割速度快、分量准确、成形规范、操作简单、噪声小、安全、卫生，分割均匀度高、滚圆快、工作效率高。

图2-11 分割机

第二节
西式面点常用器具

一、电子秤

电子秤（图2-12）主要用于称量面粉、糖等固体原料或油、蛋液等液体原料。高液晶显示屏，易读性好、称量精确。

图 2-12　电子秤

二、量杯

量杯（图2-13）主要用于液体的量取。方便、快捷、准确。其材质有玻璃、铝制、塑料等。倾液嘴尖头U型凹槽设计，可以更好地保证液体流出顺畅。

图 2-13　量杯

三、温度计

温度计（图2-14）主要用于测量面团、面糊等物料的温度。采用不锈钢加塑料材质制作。具有防水性、准确性、稳定性、耐用性和可读性。

图 2-14　温度计

四、面筛

面筛（图2-15）主要用于干性原料的筛分。去除粉料中的杂质，使粉料膨松，且通过过筛可使原料粗细均匀。采用304优质不锈钢制成，筛孔细致均匀，四周卷边设计，适合端拿，用于撒粉、筛粉。

图 2-15　面筛

五、擀面杖

擀面杖（图2-16）主要用于擀制面团，呈圆柱形，用来在平面上滚动挤压面团等可塑性食品原料。材料以木质为主，还有硅胶、铝合金等。流线型设计，触感光滑、杖身圆润、造型简单、握感舒适，有多种规格尺寸可供选择。

图2-16　擀面杖

六、手持打蛋器

手持打蛋器（图2-17）主要用于搅拌蛋液、奶油、面糊等。采用优质304不锈钢制成，电解处理，强度高、韧性好、不易生锈、耐腐蚀、耐高温、易清洁、好保养。有多种规格、各种尺寸可供选择。

图2-17　手持打蛋器

七、毛刷

毛刷（图2-18）主要用于刷蛋液、刷油或刷糖浆。采用健康优质的天然羊毛制成，掉毛少，涂抹更均匀。毛刷每次使用后要清洗干净，完全干燥。长期使用不变形、不发霉、耐磨损、更耐用。

图2-18　毛刷

八、不锈钢盆

不锈钢盆（图2-19）通常用于盛装各类烘焙原料，也可以进行和面、调馅等操作。采用优质加厚不锈钢制成，可以直接接触食品，不易损坏，经久耐用。

图2-19　不锈钢盆

九、硅胶刮刀

硅胶刮刀（图2-20）主要用于刮净黏附在搅拌缸或打蛋盆中的材料，也可以用作材料的翻拌。刮头采用100%硅胶，质地柔韧有弹性，触感温和，手柄采用PA材质，凹槽设计，握感舒适，有多种型号，方便使用。

图 2-20　硅胶刮刀

十、刮板

刮板（图2-21）多采用硅胶和不锈钢材料制成。硅胶刮板主要用于面团分割、面团的辅助调制、膏酱的表面抹平，面团或面糊划齿纹以及刮去烤盘、不粘布等上面的残渣。采用优质PP＋PE塑料优质材料。不锈钢刮板可用于分割面坯、协助面团调制等。采用优质不锈钢材质，质坚体硬、不易生锈，可直接与食品接触，安全健康。规格多样，方便选用。

图 2-21　刮板

十一、剪刀

剪刀（图2-22）主要用于部分饼干、面包类整形。剪体采用优质不锈钢材质，可直接接触食物，流线手柄拿捏舒适、锋利耐用。

图 2-22　剪刀

十二、抹刀

抹刀（图2-23）主要用于蛋糕抹面、表面膏料抹平及涂抹馅料等。采用奥氏体型不锈钢，手柄圆润、握感舒适、柔韧性强、抹面称手，有各种型号和不同尺寸，便于操作。

图 2-23　抹刀

十三、齿刀

齿刀（图2-24）主要用于面包、蛋糕的切割。不锈钢材质，韧性好、强度高、抗腐性强、不易生锈、手柄圆润、握感舒适，有各种型号和不同尺寸，便于使用。

图 2-24　齿刀

十四、吐司模具

吐司模具（图2-25）主要用于盛装吐司，起到固定形态的作用。采用加厚铝合金制成，表面有不粘涂层处理，导热性能好、受热均匀、便于脱模、方便清洗、干净健康，有多种规格和型号，便于选用。

图 2-25　吐司模具

十五、蛋糕模具

蛋糕模具（图2-26）主要用于盛放蛋糕糊，方便对蛋糕加以烤制及固定形态。采用加厚铝合金制成，导热快，采用不粘涂层处理，活底卷边设计，不漏液、易脱模、耐摔耐刮、更坚固，有各种尺寸，便于使用。

图 2-26　蛋糕模具

十六、芝士蛋糕模具

芝士蛋糕模具（图2-27）主要用于芝士蛋糕的制作，芝士蛋糕的烤制通常要用到水浴法。采用加厚铝合金材质，强度高、材质轻、导热快，采用不粘涂层处理，光滑易脱模。

图 2-27　芝士蛋糕模具

十七、转台

转台（图2-28）主要用于蛋糕裱花、涂抹奶油装饰，可旋转的底座，方便操作。采用高端铸铝材质，强度高、刚性大、转动灵活，可使蛋糕涂抹更方便，省时省力。

图 2-28　转台

十八、耐热手套

耐热手套（图2-29）主要用于取放、阻隔各种形式的高温热度，防止其对手造成伤害。采用优质棉布、网格纹制作，佩戴舒适，防滑不易掉。

图 2-29　耐热手套

十九、散热网

散热网（图2-30）主要用于放置加热好的甜品、面包、蛋糕等，便于散热。采用304不锈钢材质，电解处理、强度好、硬度高、韧性好、易清洁。

图 2-30　散热网

二十、裱花嘴

裱花嘴（图2-31）主要用于定型奶油形状的圆锥形工具，有多种型号，使用时装入裱花袋，可以使奶油挤出不同的形状。采用奥氏体型不锈钢材质，硬度高、强度好、不易生锈、经久耐用。

图 2-31 裱花嘴

二十一、烤盘

烤盘（图2-32）主要用于盛放面包、蛋糕、西点进行烘烤。采用加厚铝合金材质，具有相当强的稳定性及导热性，导热速度快，食品受热均匀，表面采用不粘涂层处理，不吸附油脂和水，方便清洗，干净健康。

图 2-32　烤盘

二十二、裱花袋

裱花袋（图2-33）主要用于盛装糊类半成品，套上不同的花嘴可挤出各式各样的奶油花纹，是裱花蛋糕的必用品。采用聚氨酯材料制成，易清洗、好打理，可重复使用。

图 2-33　裱花袋

二十三、锡纸

锡纸（图2-34）采用食品级优质铝合金制作，可直接接触食品，不漏水、不漏油、耐高温。用途广泛，是烘焙的好帮手。

图 2-34　锡纸

二十四、保鲜膜

保鲜膜（图2-35）主要用于食品冷藏、食品保鲜等，减少细菌污染，避免干燥，使原料及食物不容易变质。采用优质PE材质制成，用途广泛、干净卫生。

图 2-35　保鲜膜

二十五、甜甜圈模具

甜甜圈模具（图2-36）主要用于各式甜甜圈的制作。采用PC塑料制成，耐冲击不破裂、干净卫生、握感舒适、使用方便，其排气孔设计，能很好地排出面团中的空气。

图 2-36　甜甜圈模具

二十六、蛋卷模具

蛋卷模具（图2-37）主要用于制作各类蛋卷。表面采用三层PTEE不粘涂层处理，表面顺滑、一体成形、易清洗、干净卫生，制作蛋卷又薄又脆。

图 2-37　蛋卷模具

二十七、切模组

切模组（图2-38）主要用于各种西点的成形。采用优质不锈钢材质制成，表面电解处理，易清洁、强度高、韧性好、耐腐蚀、耐高温。多种规格尺寸，满足不同需求。

图 2-38　切模组

二十八、冷却架

冷却架（图2-39）主要用于冷却蛋糕。采用304不锈钢材质制成，表面电解处理，可有效避免因冷却放置不当而造成蛋糕表面破损，能更好地保证成品效果，使之更美观。

图 2-39　冷却架

二十九、磅蛋糕模具

磅蛋糕模具（图2-40）主要用于各种磅蛋糕的制作。

图 2-40　磅蛋糕模具

采用优质铝合金材质制成，导热性强、不粘处理、脱模简单、无接缝处理、方便清洗、干净卫生。

三十、慕斯圈

慕斯圈（图2-41）用于制作各种慕斯、提拉米苏等冷冻西点。采用优质304不锈钢材质，分圆形、方形和心形等。强度高，不易变形，方便脱模、清洗，成形美观。有多种规格尺寸，方便选用。

图2-41　慕斯圈

三十一、硅胶模具

硅胶模具（图2-42）用于制作各种法式西点。采用铂金硅胶材质制作，耐高温、易清洗、不粘易脱模，有不同尺寸、形状，造型新颖，款式多变，满足不同需求。

图2-42　硅胶模具

三十二、比萨盘

比萨盘（图2-43）主要用于制作各种比萨。选用优质铝合金材质制作，强度高、刚性大、不易变形，硬膜不粘涂层，有多种规格尺寸，满足不同需求。

图2-43　比萨盘

三十三、派盘

派盘（图2-44）主要用于各种派的制作。选用优质不锈钢材质制作，活底设计，表面不粘涂层，易脱模、易清洗、传热佳，烘烤出来的点心更有质感。有多种规格尺寸，方便选用。

图2-44　派盘

三十四、开罐器

开罐器（图2-45）主要用于快速开启罐头、瓶盖。采用奥氏体型不锈钢，刀片锋利，人性化手握，使用时舒适省力。一物多用，用途广泛。

图 2-45　开罐器

三十五、不粘油布

不粘油布（图2-46）主要用于烘烤面包、蛋糕及西点制品的垫底。采用性能优异的无机非金属玻璃纤维材料制成，耐高热、耐磨损、抗腐蚀、防水、防油、不粘，表面顺滑，可反复使用，省时省力。

图 2-46　不粘油布

三十六、蛋挞模具

蛋挞模具（图2-47）主要用于蛋挞的制作。选用优质加厚铝合金材质制成，受热均匀、吸热率高、阳极处理、干净卫生、一体成形、无接缝、方便清洗、纹路清晰，作品完整美观。

图 2-47　蛋挞模具

第三章

西式面点生产规范要求及基本操作手法

第一节
西式面点师的职业要求

一、职业道德要求

所谓的职业道德，指在一定职业活动中应遵循的、体现一定职业特征的、调整一定职业关系的职业行为准则和规范。职业道德是一种职业规范，得到社会普遍的认可，是长期以来自然形成的，没有确定的形式，通常体现为观念、习惯、信念等。职业道德依靠文化、内心信念和习惯，通过个人的自律实现。总的来说，西式面点师的职业道德要求一般体现在如下几个方面。

1. 遵纪守法

遵纪守法，是西点制作工作能顺利进行的基本保证。遵守劳动纪律和有关法律法规，诚实守信，不弄虚作假，按国家有关物价规定办事，在职业活动中诚实劳动，合法经营，掌握好成本核算，信守承诺，讲求信誉，做到质价统一。

2. 爱岗敬业

爱岗敬业，反映的是从业人员热爱自己的工作岗位，敬重自己所从事的职业，勤奋努力，尽职尽责的道德操守，是社会主义职业道德的基本要求。一个好的西式面点师必须拥有一颗诚挚的爱心，西式面点师是否忠于职守，是决定工作成败的重要因素，每一位西式面点师都应为自己所从事的职业感到自豪，唤起自己在工作中的主动性、积极性、创造性，在平凡的岗位上做出不平凡的业绩。

3. 办事公道

办事公道，就是要求西式面点师在职业活动中做到公平、公正，不谋私利、不徇私情、不以权损公、不以私害民、不假公济私，具有良好的品德，处世坦率、为人正直、作风正派。

4. 终身学习

终身学习，要求西式面点师不断钻研业务水平，学习新知识、新技术，改善西点质量，提高西式面点师的专业素质和文化水平，树立终身学习的观念。

5．奉献社会

奉献社会，要求西式面点师在自己的工作岗位上树立奉献社会的职业精神，并通过兢兢业业的工作，自觉为西点事业的发展作贡献，为社会和他人作贡献。这是社会主义职业道德中最高层次的要求，体现了社会主义职业道德的最高目标指向。

二、专业知识要求

本专业培养目标与我国现代化建设要求相适应，在德、智、体、美、劳等诸方面协调发展，掌握必需的文化知识，具有改革创新意识和吃苦奉献精神，有初中级管理水平和一定的组织、协调工作的能力，能适应餐饮业中西点制作与营养专业一线岗位需要，获得两种以上国家劳动部门颁发的中级职业资格证书，并具有本专业职业生涯发展能力的高等应用型人才，大体分为以下几点。

（1）西式面点师需要充分掌握饮食卫生知识，包括食品污染、食物中毒、各类烹饪原料的卫生要求、烹饪工艺卫生要求、饮食卫生要求、食品卫生法规及卫生管理制度等。

（2）熟知安全用电、防火防爆、手动工具与机械设备等安全生产知识。

（3）了解饮食营养知识，如人体必需的营养素和热量、各类烹饪原料的营养、营养平衡和科学膳食、中国宝塔形膳食结构等。

（4）掌握西式面点的原料知识，能够正确识别西点主要原料，了解因原料产地、品种、品牌而存在的差异，熟知它们的特性和在西点制作中的作用，熟知如何正确选购、使用和保存原料，熟练掌握常用原料的加工方法，能够鉴别和使用各种辅助原料。熟练掌握设备的使用方法和保养方法，并多接触了解市面上出现的新设备和工具。

（5）了解西式面点基础操作手法，熟知西式面点的制作工艺、用料特点、工艺特点、风味特点，以及菜单的筹划、产品质量的鉴定、成本的核算、产品开发和技术的创新、西点设备布局、工艺流程等相关的基本知识。

第二节
西式面点生产作业流程

一、生产作业流程

1. 生产前的准备工作

在进行西点制作以前需要做好以下准备工作。第一，确定生产品种的工艺流程，生产的数量和所需操作时间。第二，对机械设备、器具做周密的检查，确定其完好程度。第三，核对配方，检查原辅料的质量情况是否符合要求，数量是否准备齐全。第四，检查操作间环境设备、工具、卫生是否符合要求。

2. 原料配备

原料配备是西点制作重要的一道工序，要求如下：第一，熟悉各种原料的性质特点、工艺性能及用途，恰当选择原料，使制作的成品质量达到最佳效果；第二，了解因原料产地、品种不同，而形成性质的差异，有助于准确选择原料；第三，选择的原料要符合营养卫生方面的要求；第四，使用的原料要根据产品配方准确称量，确保成品的品质。

3. 准备西点制作

充分了解各种设备的使用性能，学会使用各种计量工具，准备好所需的原料及工具，回顾制作的流程，开始操作。

4. 西点成形

每做一道西点都按照特定的工艺精工细作，西点形态多样，色彩艳丽，成形手法简洁明快，变化层出不穷。

5. 西点熟制

熟制是利用加热方法使制品生坯成熟的一道工序，不同的西点品种熟制方法也不相同，大多数西点都是先成形后成熟，这些西点的形态、特点基本上都在熟制前一次或多次定型。

二、产品评估

对做出的西点品种从色、香、形、质等方面进行评估，以确保产品质量符合要求。对现有的品种通过馅料、造型、口感、熟制方法等进行调整，进一步丰富产品种类，对产品进行成本的核算。

第三节
西式面点生产中的规范要求

一、实训间卫生要求

（1）实训间的墙壁无尘、无蜘蛛网，每天用干布擦拭。

（2）每天工作结束后，地面先用水冲，然后用拖布拖干，地面上的明沟最后清理，做到无异味、无异物。工作期间掉在地上的物料要及时清理干净。

（3）每天工作结束后，设备、容器、模具、工具要清洁干净，表面不得有油污，凡有盖的一律盖好，排列整齐摆放在指定位置。

（4）使用的抹布要随时清洗，不能一布多用。每天工作结束后，抹布先用洗涤剂洗净后放入沸水中煮10分钟，然后清洗干净，拧干，晾晒于通风处。

二、实训人员的卫生及安全要求

（1）学生必须服从实训老师的管理，维持好纪律，禁止学生随意出入，认真参加实操，严禁玩耍、打闹。

（2）每年进行一次健康体检，保持良好的个人卫生，不留长指甲和涂指甲油及使用其他化妆品。

（3）进入西点实训间必须穿戴工作服、工作帽、工作鞋、口罩，头发不得外露，男生不留须，工作服须勤更换，保持干净整洁。

（4）厉行节约原料、水、电、煤气，严禁一切人员在实训间内吃食物、吸烟、随地吐痰、乱扔废弃物。

（5）实训时不准佩戴戒指、珠宝等饰物，不准把私人物品带入实训场所。

（6）不准用手直接接触入口食品，不准对着食品咳嗽或打喷嚏。

（7）严格遵守操作规程，安全使用设施设备、煤气及各种用具，防止安全事故发生。

第四节

西式面点设备操作与维护管理

一、目的与意义

（1）确保设备的正确操作，减少因操作失误引起的故障。

（2）确保操作人员的人身安全。

（3）确保机器设备的良好运行。

（4）确保生产的正常运行及产品质量的稳定性。

二、设备器具的维护管理要求

（1）西式面点制作的设备、工具种类繁多，性能与形状各异，为充分利用它们的特点，每个西点的制作人员，必须掌握设备和工具的使用及养护知识。

（2）熟悉设备、工具的性能，实训前必须进行有关设备的结构、性能、操作、维护及安全方面的教育与学习。未学会操作前，切勿盲目操作，以免发生事故。

（3）设备编号登记，专人看管。

（4）注意对设备的维护和检验，对于设备的传动部件，要按时添加润滑油，电机要按容量使用，严禁超负荷运行，检查设备完好、无故障才能正常使用。设备要定期维修，及时更换损坏机件。

（5）设备使用过程中必须加强操作安全，严格执行安全操作制度。操作时思想集中，严禁谈笑，不得任意离开正在运行的设备，离开时必须切断电源。重视设备安全，设备上不准堆放杂物，加盖的保护网不得随意摘除。

三、设备、器具卫生要求

（1）设备、器具的清洁卫生，直接影响西点制品的卫生。

（2）用具及案板必须保持清洁，洗刷干净，定时消毒。

（3）生熟制品的用具，必须严格分开使用。

（4）建立严格的用具专用制度，做到专具专用。

第五节

实训室基本要求

（1）自觉遵守实训室规章制度，进入实训室必须穿戴整齐工作衣、帽，佩戴胸卡，严禁穿便衣、背心、短裤、短裙、凉鞋、拖鞋。

（2）实训老师要对学生进行考勤，核实人数，检查实训室工具是否齐备，做好记录，有秩序地进入实训间。

（3）进入实训室后，严禁到处乱窜，严格遵守实训时间，服从实训指导老师的安排，实训完成后，不能在实训间逗留、嬉笑打闹。

（4）实训教师要进行安全教育，并指导学生对所有设施设备、工具进行全面安全检查，确认完好后，方可组织实训。

（5）操作实训前，必须清理工作台及周围环境卫生，整理盛放原料器皿和其他用具，并有序地排列在固定位置。

（6）实训老师根据教学需要，合理安排教学程序，指导学生对实训品种进行加工制作，在学生操作过程中，实训老师要加强巡视指导，确保教学过程的正常运转和安全。

（7）实训时爱护工具和设备，了解工具和设备的使用方法和操作过程，按规定使用，若设施设备发生异常或出现故障，及时向实训指导老师报告，先断电、断气，并立即报请专业人员进行维修处理，故障消除前不得使用。

（8）实训过程中应耐心地观察、记录，认真踏实地操作。实训完毕后，首先应关闭好电气开关，然后清理工具和设备，实训老师组织好学生对教学品种的讲评、品尝、总结、评价及相关事宜，最后完成实训室的清洁卫生工作。经实训指导老师同意后方能离开。

（9）禁止将实训室设备、工具、器具、原材料等物品私自带出实训间。

（10）注意用电、用水、用气的安全。

（11）爱护实训间内的环境卫生，严禁抽烟，不随地吐痰、不乱扔杂物。

（12）遵守纪律、服从管理、礼貌待人。

（13）实训间卫生清理及安全检查工作结束后，打开紫外线室内消毒灯，照射30min后，将灯关闭，确保无安全隐患后，详细填写安全日志，实训指导老师最后一个离开实训间。

第六节
实训室安全管理制度

（1）实训指导老师为实训室安全管理主要责任人。

（2）学生实训前，班主任必须召开安全专题班会，对学生进行安全教育，强化安全意识。

（3）实训指导老师和班主任要牢固树立安全第一的观念，熟悉并掌握设备设施的安全操作规程，并共同负责做好学生的安全教育工作。

（4）任何人进入实训室，都必须服从实训老师安排，严格执行设备设施安全使用规程。

（5）严格执行"实训指导老师包堂制"，实训指导老师负责实训教学过程中学生和设备设施的安全，并且实训结束后要配合班长做好设备设施的验收交换工作。

（6）实训指导老师在实训过程中，要时刻注意周围安全环境，随时提醒学生防止摔伤、刀伤、烧伤、烫伤。

（7）学生和实训指导老师在实训过程中，发现隐患，必须及时处理并报给相关维修人员或领导。

（8）除专业维修人员外，严禁在实训室内私拉乱接其他设备，严禁对设备进行拆卸、更换、修理。

（9）实训指导老师要正确处理突发事件，重大事故要及时上报给专业维修人员和领导。

（10）实训指导老师要做好设备设施的日常维护和保养，保持设备设施的良好状态。

（11）实训指导老师要加强实训室的电、门、窗、灯、煤气及教学设备的管理工作，经常检查消防设施，做好防火、防爆、防煤气泄漏、防漏电、防盗、防破坏等安全防范工作。

（12）实训结束后，实训指导老师要负责全面检查实训室设备设施（特别是煤气、水、电、暖、门、窗等）的安全，消除隐患。

（13）安全教学工作实行"一票否决制"。对安全意识薄弱、安全管理松懈和由于渎职造成损失的实训老师，将按学院制度或国家有关法律法规追究其责任。

（14）学院安全工作小组负责对实训室的安全工作进行检验、检查、督导和评价。

第七节

西式面点的基本操作手法

西式面点，主要是指来源于欧美国家的糕点，简称西点。西式面点是西餐的重要组成部分，是西方食品工业的主要支柱之一，是以面粉、油脂、鸡蛋、糖、乳品等为主要原料，经过调制、成形、成熟、装饰等工艺过程制成的具有一定色、香、味的营养食品。如今，西式面点房、面包房、饼房日益增加，西式面点的发展前景将更为广阔。它的特点是用料讲究、计量准确、工艺性强、简洁明快，西点形态多样、口味独特、甜咸酥松，不仅具有食用价值、观赏价值，并且具有较高的营养价值。

西点的分类很多，传统的西点主要有面包、蛋糕和点心三大类，在行业中常见的分类方式有：按食用时温度分类、按制品口味分类、按制品质地分类、按西点用途分类以及按制品加工工艺和性质分类。

西式面点的操作手法，是面点制作中技艺性较高的技术，此技术将直接影响到制品的质量。操作手法有以下几种：

（1）和　和面是西式面点制作的第一道工序，和面分为机器和面、手工和面。手工和面大体分为抄拌法、调和法、搅和法。机器和面速度适中、时间合理；手工和面动作协调、干净利落。

（2）捏　捏是一种艺术性很强，操作比较复杂的手法。手指洁净、用力适度、指法准确、成品美观。

（3）揉　揉是手指或手掌用力于原料、循环推压的动作，分为单手揉或双手揉。动作要利落，用力要均匀适当，坯料要揉匀揉透，揉面要顺着一个方向进行，不可乱揉，否则影响面筋网络的形成。

（4）搓　搓和揉两个动作经常结合在一起进行，分为搓条和搓剂两种，搓条时应用力均衡，手掌用力，所搓的条要圆整光滑、粗细均匀。搓剂分为对搓和揉搓。

（5）切　切是借助工具将制品分离成形的一种方法。下刀准确、刀具锋利、用力均匀、制品大小一致、形态规整。

（6）卷　卷是将擀平压薄的面团或成熟的蛋糕或面包卷成圆筒形状的一种造型方法。动作协调、坯料柔软、成品紧密。

（7）擀　擀是指用擀面杖在面团上用力滚动使之变平变薄的方法，也是当前最普通的制皮方法。要擀得平整、均匀、无破皮、表面光滑。

（8）抹 将调制好的软质原料放于成熟或未成熟的西点表面，借助工具将其涂抹均匀平整，称为抹。握刀要平稳，用力要均匀，掌握抹刀的角度，使面团光滑平整。

（9）裱 裱是指装有原料的裱花袋通过手的挤压，挤出一定的花纹造型。要求动作协调、用力均匀、袋口严密。制品花纹清晰、自然优美。

（10）淋 淋是把调好的具有一定附着力和光泽的配料，沾在成熟的西点表面。掌握淋面用料的温度、稠度，速度要快，动作利索准确，淋上的原料平整光亮。

第四章

西式面点制作工艺及技术

第一节
蛋糕类

一、戚风蛋糕

1. 品种介绍

戚风蛋糕由乳沫蛋糕和面糊蛋糕改良综合而成。制作时将蛋清和蛋黄分开，分别打发，最后再混合均匀拌成面糊。制作原料主要有玉米油、鸡蛋、砂糖、面粉、牛奶等。戚风蛋糕组织膨松，水分含量高，味道清淡而不腻，口感滋润嫩爽，是最受欢迎的蛋糕之一。

2. 器具及设备

电子秤、打蛋机、烤箱、不锈钢盆、面筛、手持打蛋器、蛋糕模具。

3. 原料

原料	用量	原料	用量
鸡蛋	5个	砂糖（蛋黄）	35g
砂糖（蛋清）	61g	牛奶	31g
塔塔粉	2g	玉米油	31g
面粉	81g		

4. 制作步骤

（1）蛋清、蛋黄分离，分别装入干净的容器中。

（2）牛奶、玉米油和砂糖（蛋黄）拌匀，砂糖充分溶化。

（3）加入过筛后的面粉，拌匀。

（4）加入蛋黄，搅拌至均匀、细腻、顺滑、无面粉颗粒。

（5）蛋清倒入搅拌桶内，加入砂糖（蛋清）和塔塔粉，中速搅打至湿性发泡，继续快速搅打至干性发泡，挑起呈弯曲鹅毛状即可。

（6）取1/3蛋清与蛋黄面糊混合均匀，再倒入蛋清中彻底拌匀。

（7）将蛋糕糊倒入8in（1in=2.54cm）模具八分满，抹平，放入烤箱。

（8）烤箱温度160℃，烤制52min。

（9）出炉后，倒扣在冷却架上，完全凉透后再脱模。

5. 注意事项

（1）盛放蛋清的容器一定要无油无水，蛋清打发是制作戚风蛋糕的关键。

（2）面糊搅拌要采用翻拌法，防止面粉起筋，影响口感。

（3）拌蛋黄面糊时用后蛋法（先混合油、奶、糖、面粉，最后加入蛋黄），这样蛋糊才会细腻、无颗粒。

（4）蛋清打发，应先低速，再中速，后高速，要打发均匀、彻底。要多观察蛋清形态，以蛋清液提起后出现倒三角尖为宜，防止打发过度。

（5）为了防止前期蛋清消泡，蛋清和面糊要分次拌匀，采用翻拌法，这样搅拌的面糊才会更均匀、细腻。

（6）要低温慢烤，忌高温烤制，否则易外熟内生。

（7）一定凉透再出模，不然蛋糕容易塌陷。

二、古早蛋糕

1. 品种介绍

古早味，是闽南人用来形容古旧味道的一个词，也可以理解为"令人怀念的味道"。古早味以手工料理食物为主，料好实在。原味古早蛋糕，既可作为早餐又可作为甜点，不同于戚风和海绵蛋糕，单独吃也超棒，用水浴法烤制，口感湿润柔滑、香醇

可口，组织细腻无孔洞。

2．器具及设备

电子秤、烤箱、不锈钢盆、手持打蛋器、面筛、硅胶刮刀、蛋糕模具。

3．原料

原料	用量	原料	用量
面粉	100g	鸡蛋	6个
砂糖	80g	玉米油	120g
牛奶	80g	白醋	5g

4．制作步骤

（1）将蛋清、蛋黄分离，蛋清加入白醋，分两次加入砂糖打发至干性发泡。

（2）玉米油和牛奶隔水加热，加入过筛后的面粉，搅拌均匀，加入蛋黄，搅拌至细腻、顺滑、无颗粒。

（3）将1/3的蛋清加入蛋黄糊中搅拌，拌好后的蛋黄糊倒入蛋清中混合均匀，倒入8in模具八分满，抹平，放入烤箱，用水浴法烘烤。

（4）烤箱温度160℃，烘烤55min出炉。

5．注意事项

（1）蛋清打发时注意不要打发过度，挑起时呈弯钩状态即可。

（2）蛋清倒入蛋黄糊中切勿画圈搅拌，避免蛋清消泡，采用翻拌手法。

（3）烤好后立即取出，在空中垂直震一下，避免因受热不均塌陷。

（4）一定凉透再出模，不然蛋糕容易塌陷。

三、巧克力熔岩蛋糕

1．品种介绍

巧克力熔岩蛋糕，在美国别名小蛋糕，在中国香港别名心太软，为著名法式甜点之一，外皮硬脆、内馅醇美，是一种热巧克力浆的小型巧克力蛋糕。

2. 器具及设备

电子秤、烤箱、不锈钢盆、手持打蛋器、模具、面筛、硅胶刮刀。

3. 原料

原料	用量	原料	用量
鸡蛋	6个	黄油	150g
面粉	90g	黑巧克力	180g
砂糖	50g	朗姆酒	10g

4. 制作步骤

（1）巧克力和黄油隔水加热融化，加入朗姆酒，冷却备用。

（2）鸡蛋和砂糖搅匀，加入过筛的面粉拌匀，倒入冷却的巧克力酱，搅拌均匀。

（3）将巧克力蛋糕糊倒入模具，八分满，入冰箱冷藏30min后放入烤箱。

（4）烤箱温度215℃，烤制12min。

5. 注意事项

（1）巧克力、黄油和鸡蛋事先放在室温环境中备用。

（2）加热黑巧克力和黄油时，要不停搅拌，使之充分混合。

（3）掌握好温度与时间是制作这款蛋糕的关键。烤的时间短，则表面厚度不够，容易破掉；烤的时间长则会使内部凝固，失去口感。所以要随时观察，必要时可打开烤箱去触摸表面，感受硬度。

（4）需要微波加热食用时，最佳加热时间是15s。

四、玛德琳蛋糕

1. 品种介绍

玛德琳蛋糕是一种法国风味的小甜点，又叫贝壳蛋糕。玛德琳蛋糕的确很迷人，鼓鼓的小肚腩，周围一圈焦糖色，外表像饼干但又是蛋糕的味道，绵软淡甜、浓郁奶香，适合作为早餐、午餐、下午茶，老少皆宜。

2. 器具及设备

电子秤、烤箱、手持打蛋器、不锈钢盆、裱花袋、面筛、不粘模具。

3. 原料

原料	用量	原料	用量
面粉	180g	鸡蛋	4个
黄油	200g	泡打粉	4g
砂糖	120g		

4. 制作步骤

（1）将鸡蛋打散，加入砂糖搅拌均匀，加入过筛的面粉和泡打粉搅拌至顺滑、无颗粒。

（2）黄油隔水加热成液体，倒入面糊中搅拌均匀即可。

（3）蛋糕模具需要刷一层2∶1玉米油与面粉的混合液体，防止蛋糕粘盘。

（4）把蛋糕糊装入裱花袋，挤入模具八分满，放入烤箱。

（5）烤箱温度160℃，烤制15min出炉。

5. 注意事项

（1）使用金属模具，硅胶模具不易上色且上色不均匀。

（2）喜欢其他口味，可在面粉中加入15g可可粉或者抹茶粉。

（3）面糊挤至八分满即可。

（4）冷却后2h内食用口感最佳，外脆里嫩。

五、肉松拔丝蛋糕

1. 品种介绍

肉松拔丝蛋糕是一款特色小吃甜点，是由糖、鸡蛋、面粉、肉松等优质原料精心制作而成，外表柔美、甜而不腻，当肉松和蛋糕相结合，淡淡的清香，丝丝相连的美味变成挡不住的诱惑，令人口齿留香。

2．器具及设备

电子秤、打蛋机、烤箱、不锈钢盆、手持打蛋器、纸杯、硅胶刮刀、裱花袋。

3．原料

原料	用量	原料	用量
鸡蛋	3个	肉松	60g
牛奶	47g	盐	2g
玉米油	60g	砂糖	80g
面粉	65g	塔塔粉	4g

4．制作步骤

（1）将蛋清、蛋黄分离，蛋清加入细砂糖和塔塔粉打发至干性发泡。

（2）将牛奶和玉米油搅拌均匀，加入过筛的面粉拌匀，最后加入蛋黄搅拌均匀顺滑、无颗粒。

（3）将打发好的蛋清与蛋黄糊混合，搅拌均匀，最后加入肉松拌匀，装入裱花袋，挤入纸杯八分满，放入烤箱。

（4）烤箱温度180℃，烘烤16min出炉。

5．注意事项

（1）加入面粉后注意搅拌手法，因为画圈搅拌易产生筋性，影响口感，所以选择翻拌法。

（2）蛋清里滴入适量柠檬汁可以有助于蛋清发泡及保持发泡的稳定性。

（3）做法与戚风蛋糕一致，因为有肉松吸收水分的缘故，所以不会出现塌腰情况。

六、海绵蛋糕

1. 品种介绍

海绵蛋糕是各种蛋糕中最普通的一种，做法简单，成功率高，口味香甜松软。因为其结构类似于多孔的海绵而得名，在国外称为泡沫蛋糕，在国内称为清蛋糕。

2. 器具及设备

电子秤、烤箱、不锈钢盆、打蛋机、面筛、模具。

3. 原料

原料	用量	原料	用量
面粉	350g	鸡蛋	10个
砂糖	300g	玉米油	30g
蛋糕油	25g	牛奶	25g

4. 制作步骤

（1）鸡蛋、砂糖和蛋糕油中速搅打至砂糖和蛋糕油融化，加入过筛的面粉，快速搅打3min。

（2）加入牛奶慢速搅拌均匀，最后加入玉米油拌匀。

（3）倒入模具八分满，抹平，放入烤箱。

（4）烤箱温度170℃，烤制35min出炉。

5. 注意事项

（1）鸡蛋需要提前放置到常温环境下回温。

（2）油、水用量过多，蛋糕容易塌陷。糖用量过多，颜色会过深。

（3）一定按时间搅拌，搅拌过度，面粉上筋，表面下塌；搅拌不足，蛋糕紧缩或粗糙。

七、朗姆酒葡萄干磅蛋糕

1. 品种介绍

磅蛋糕是一种基础蛋糕，台湾称其为重奶油蛋糕。磅蛋糕内部组织扎实细腻、奶香浓郁、口感润泽。磅蛋糕是基础中的基础、经典中的经典。

2. 器具及设备

电子秤、烤箱、打蛋机、面筛、不锈钢盆、硅胶刮刀、刀片、模具、毛刷。

3. 原料

原料	用量	原料	用量
黄油	200g	鸡蛋	4个
糖粉	180g	朗姆酒	300g
面粉	250g	葡萄干	200g
泡打粉	3g		

4. 制作步骤

（1）将200g葡萄干泡入300g朗姆酒中，用保鲜膜包裹，12h后备用。

（2）黄油放入打蛋机中打发，打发过程中分两次加入糖粉，随后分四次加入鸡蛋，继续打发。

（3）打发至黄油发白后加入过筛的面粉和泡打粉，拌匀，最后加入泡好的葡萄干搅拌均匀，倒入模具八分满，抹平，放入烤箱。

（4）烤箱温度170℃，烤制20min后，拿出用刀片在蛋糕表面纵向划一道线，放回烤箱再烤30min。

（5）蛋糕出炉后出模，将15g糖和25g水煮开加30g朗姆酒，刷在整个蛋糕体上。

5. 注意事项

（1）将黄油打发，让黄油充分包裹空气是磅蛋糕膨胀的要点。

（2）如果一次倒入全部糖粉，黄油的水分就会被糖粉吸收，变硬，导致难以搅拌，因此要分次加入。

（3）鸡蛋要分次加入，一次加入太多的鸡蛋会造成黄油的分离。

（4）烤好的蛋糕回油3天，会吸收一定的水分和油分，吃起来口感更柔软油润。

八、布朗尼蛋糕

制作视频

1. 品种介绍

布朗尼蛋糕19世纪末发源于美国，20世纪上半叶在美国、加拿大广受欢迎，后来成为美国家庭餐桌上的常客。布朗尼蛋糕的质地介于蛋糕与饼干之间，它既有饼干的香脆透甜又有蛋糕的松软。传统的布朗尼蛋糕是一道制作非常简单的巧克力甜点，不需要任何复杂的操作，只需要将熔化的巧克力液及其他食材混合即可。口感绵密，可以加入任意的干果，搭配牛奶更美味。

2. 器具及设备

电子秤、烤箱、不锈钢盆、手持打蛋器、面筛、布朗尼模具。

3. 原料

原料	用量	原料	用量
黄油	200g	鸡蛋	4个
砂糖	100g	面粉	120g
黑巧克力	240g	核桃碎	80g
可可粉	30g		

4. 制作步骤

（1）切碎的黑巧克力、黄油和砂糖隔水加热融化后，搅拌至砂糖溶化，整体细腻、无颗粒，待凉。

（2）将鸡蛋搅匀，缓慢倒入巧克力浆里，边倒边搅拌。

（3）加入过筛的面粉和可可粉搅拌均匀。

（4）加入核桃碎，拌匀，倒入模具八分满，抹平，放入烤箱。

（5）烤箱温度180℃，烘烤25min出炉。

5．注意事项

（1）巧克力浆稍微放凉后再加入鸡蛋搅拌，鸡蛋要缓慢加入。

（2）布朗尼蛋糕是最不容易做失败的蛋糕，如果失败，多半是水油分离导致的。

（3）加10g朗姆酒在面糊内，口感更佳。

（4）食用时微波炉加热20s，会出现流心。

（5）可以把核桃碎换成任何想要的坚果碎。

九、海盐奶盖爆浆蛋糕

1．品种介绍

爆浆蛋糕拥有一层由蛋奶酱和芝士酱混合在一起的奶盖，将芝士奶盖酱挤入戚风蛋糕里面，口感顺滑细腻。稍带一点咸味的芝士奶盖酱，搭配脆脆的杏仁片，切开蛋糕后，自然的流心滑落。戚风蛋糕的湿润松软，加上杏仁片的余香，诱人品尝，是冬日里一款暖心又暖胃的蛋糕。

2．器具及设备

电子秤、面筛、手持打蛋器、硅胶刮刀、裱花袋。

3. 原料

原料	用量	原料	用量
蛋糕坯	1个	酸奶	100g
海盐奶盖材料		海盐	5g
干酪	200g	装饰材料	
砂糖	30g	杏仁片	30g
淡奶油	100g	糖粉	10g

4. 制作步骤

（1）准备一个6in戚风蛋糕坯和蛋奶酱（制作方法详见戚风蛋糕和蛋奶酱制作）。

（2）海盐奶盖制作：将软化的干酪加入海盐搅打至细滑无颗粒，再加入砂糖打至顺滑（为使海盐充分溶化可隔水加热）。加入淡奶油和酸奶搅拌均匀，最后加入蛋奶酱搅拌均匀，装入裱花袋。

（3）戚风蛋糕坯中间戳洞，将奶盖酱挤入，充满整个蛋糕内部。蛋糕表面也画圈挤上奶盖，让其自然流淌。

（4）撒上烤熟的杏仁片，筛上一层糖粉即可。

5. 注意事项

（1）煮蛋奶酱时，不需要煮到非常稠的状态，一旦凝固马上离火。

（2）蛋奶酱的最佳状态为呈现流动状态的固体。

（3）如果加入蛋奶酱时比较浓稠难以搅拌开，可以加入适量温牛奶搅拌，为的是增强成品的流动性。

（4）杏仁片和糖粉最好是现撒现吃，在蛋糕的表面放置太久的杏仁片会受潮变软。

十、黑森林蛋糕

1. 品种介绍

黑森林蛋糕是德国著名甜点，它融合了樱桃的酸、奶油的醇香和巧克力的苦。完美的黑森林蛋糕经得起任何口味人群的挑剔，它不是最炫目、最醒目的蛋糕，但是它的香浓诱人的巧克力口味，柔软的口感和甜蜜的味道，让它成为最经典的蛋糕之一。

2. 器具及设备

电子秤、不粘锅、裱花袋、抹刀、硅胶刮刀、打蛋机、直刮板。

3. 原料

原料	用量	原料	用量
淡奶油	250g	樱桃酱材料	
糖粉	50g	淀粉	10g
巧克力蛋糕坯	3片	黑樱桃	200g
巧克力屑	150g	砂糖	100g
樱桃酒水材料		柠檬汁	8g
砂糖	30g	红樱桃	200g
水	100g		
樱桃酒	50g		

4. 制作步骤

（1）熬制糖水，将砂糖倒入锅中，加水煮开备用。

（2）制作樱桃酱：将黑樱桃和红樱桃分别放入锅中，加入砂糖、柠檬汁煮开，加入淀粉，煮到黏稠。

（3）制作樱桃酒水：将樱桃酒加入糖水中。

（4）淡奶油加糖粉打发，一片巧克力蛋糕坯做底，抹上奶油，加上樱桃酱，另一片巧克力蛋糕坯放中间，蛋糕坯上刷樱桃酒水，抹奶油，再加上樱桃酱。

（5）第三片巧克力蛋糕坯做顶，刷酒水，抹奶油，用直刮板铲起巧克力屑，均匀地粘在蛋糕侧面及顶面，放入冰箱冷藏3h切块备用。

5. 注意事项

（1）蛋糕坯参照戚风蛋糕做法。

（2）加入淀粉后要迅速搅拌然后离火。

（3）根据樱桃的酸度适量加入柠檬汁，樱桃酱可以提前几天做好备用。

（4）奶油中也可以加入一些樱桃酒。

（5）黑森林的蛋糕坯，除了巧克力戚风蛋糕，也可以用巧克力海绵蛋糕，使用任何一个喜欢的巧克力蛋糕配方均可。

（6）樱桃酒可以用朗姆酒或白兰地代替，若给儿童吃，可以用樱桃汁来代替。

（7）撒巧克力屑的时候，不要直接用手接触巧克力屑，否则会熔化在手上。用直刮板铲起巧克力屑，轻轻粘在蛋糕侧面，并撒在蛋糕顶面。

十一、欧蕾卷

1. 品种介绍

欧蕾卷作为一种新型网红美食出现在人们的视野里，以可人的样子与百搭的特性深受花季少女们的喜爱，可以根据现有的水果随心装饰，是一款用料相对自由的甜点。

2. 器具及设备

电子秤、烤箱、不锈钢盆、打蛋机、硅胶刮刀、烤盘、裱花袋。

3. 原料

原料	用量	原料	用量
鸡蛋	6个	玉米油	60g
砂糖	60g	时令水果	200g
淀粉	12g	糖粉	20g
面粉	120g	淡奶油	200g
牛奶	120g		

4. 制作步骤

（1）将蛋清、蛋黄分离，分别装入干净的容器中。

（2）牛奶、玉米油拌匀，加入过筛的面粉和淀粉拌匀。

（3）加入蛋黄，搅拌至均匀、顺滑、细腻、无面粉颗粒。

（4）蛋清倒入搅拌机内，加入砂糖，中速搅打至湿性起发，继续快速搅打至干性起发，挑起呈弯曲鹅毛状即可。取1/3蛋清与蛋黄面糊混合均匀，再倒入蛋清中彻底翻拌均匀。

（5）将面糊倒入裱花袋中，在垫有不粘布的烤盘上挤成直径8cm的圆形面糊，每个面糊间隔2cm，均匀地挤满烤盘，放入烤箱。

（6）烤箱温度：上火220℃，下火210℃，烘烤10min出炉。

（7）取一片蛋糕体，对折，挤入打发好的奶油，摆放时以鲜水果做装饰，表面筛些糖粉即可。

5．注意事项

（1）挤面糊时注意尽可能薄厚均匀、大小一致，防止较厚部分夹生。

（2）在烤盘上垫上不粘布可以有效地防止欧蕾卷与烤盘发生粘连。

（3）水果选用新鲜时令水果即可，也可随心摆放喜爱的干果、巧克力饼干等食材。

十二、玛芬杯蛋糕

1．品种介绍

玛芬杯蛋糕比其他蛋糕简单易学，不用分离蛋清和蛋黄，也不用打发蛋清，成功率高，是一款简单又好吃的杯子蛋糕。

2．器具及设备

电子秤、烤箱、不锈钢盆、硅胶刮刀、手持打蛋器、面筛、纸杯。

3. 原料

原料	用量	原料	用量
鸡蛋	5个	牛奶	50g
玉米油	65g	面粉	140g
砂糖	80g	泡打粉	4g

4. 制作步骤

（1）鸡蛋加砂糖，搅打至均匀、无颗粒。

（2）加入玉米油，打匀，至蛋油融合。

（3）加入牛奶搅匀，最后加入过筛的面粉和泡打粉，用刮刀拌匀。

（4）装入裱花袋挤入纸杯，八分满，放入烤箱。

（5）烤箱温度160℃，烘烤30min出炉。

5. 注意事项

（1）可以把蔓越莓或者杏仁片在烘烤前撒在蛋糕表面。

（2）加入面粉后用刮刀由下至上翻拌，至均匀、顺滑、无颗粒。

（3）牛奶可以换成水，玉米油也可以换成黄油，但是黄油需要融化成液体。

（4）泡打粉用双效无铝的。

十三、脏脏蛋糕

1. 品种介绍

　　脏脏蛋糕盖着一层厚厚的可可粉，阵阵可可香气扑面而来。它有着与脏脏面包完全不一样的口感，软绵的巧克力蛋糕坯，不经意咬到夹层的巧克力夹心，瞬间满口丝滑浓郁的巧克力味，层次丰富，味道美妙。

2．器具及设备

电子秤、烤箱、手持打蛋器、不粘锅、硅胶刮刀、模具、面筛。

3．原料

原料	用量	原料	用量
戚风蛋糕材料		可可粉	10g
鸡蛋	3个	夹心和淋面材料	
牛奶	50g	黑巧克力（甘纳许）	35g
玉米油	30g	淡奶油（甘纳许）	50g
砂糖（蛋黄）	15g	淡奶油	150g
砂糖（蛋清）	30g	糖粉	15g
面粉	40g		

4．制作步骤

（1）戚风蛋糕制作：

①牛奶、玉米油和蛋黄部分的15g砂糖放小锅里，小火边煮边搅拌，加热到边缘微微沸腾，立刻关火。关火之后，继续搅拌至乳化，混合液体稍微冷却后，把过筛的可可粉和低筋面粉倒入锅里搅拌均匀。

②砂糖分三次倒进蛋清，打发到干性发泡，把冷却的蛋黄糊和蛋清霜以翻拌的方式拌匀。

③倒入6in模具八分满，抹平，放入烤箱。

④烤箱温度160℃，烤制40min出炉。

⑤蛋糕出炉后，倒扣在冷却架上，完全凉透后再脱模。

（2）甘纳许制作：

①黑巧克力和淡奶油隔水加热到巧克力融化变成深咖啡色甘纳许液体。融化的甘纳许冷却后，倒入淡奶油和糖粉进行打发，打发到出现纹路即可。

②在6in蛋糕坯中间挖一个孔，把挖下来的蛋糕从中间片开，把其中一片垫在底部，挤甘纳许，然后再盖上另一片，最后表面淋上甘纳许，边缘多一点让其自然垂落。

③最后在表面筛上可可粉。

5．注意事项

（1）烫面戚风蛋糕比普通方法制作的戚风蛋糕更细腻、柔软、湿润，口感更好。

（2）淡奶油甘纳许打发的程度比较重要，打发过了就没有自然垂落的美感，打发不够会直接淋下来，所以打发至七成左右即可。

（3）冷藏后口感更佳。

十四、芝士蛋糕

制作视频

1. 品种介绍

芝士蛋糕，又名起司蛋糕，是西方甜点的一种，它有着柔软的内层，混合了特殊的干酪，再加上砂糖和其他配料，此类蛋糕在结构上较一般蛋糕扎实，但质地却比一般蛋糕更绵软，口感更细腻湿润，干酪味浓郁、香甜轻盈、营养丰富。

2. 器具及设备

电子秤、打蛋机、烤箱、不锈钢盆、手持打蛋器、硅胶刮刀、模具、面筛。

3. 原料

原料	用量	原料	用量
淡奶油	60g	鸡蛋	8个
干酪	440g	面粉	36g
牛奶	270g	砂糖	150g
黄油	44g	淀粉	52g

4. 制作步骤

（1）将蛋清、蛋黄分离，分别装入干净的容器中，蛋清加入塔塔粉和砂糖，先用中速搅打，待砂糖溶化后，高速打发至干性发泡即可。

（2）将干酪、淡奶油、牛奶和黄油隔水加热，搅拌至细腻、顺滑、无颗粒。

（3）将过筛的面粉和淀粉倒入融化的芝士糊中，搅拌均匀后加入蛋黄，拌匀。

（4）取1/3蛋清与面糊翻拌，拌均匀后，倒回蛋清中继续翻拌均匀。

（5）蛋糕糊倒入模具八分满，抹平，轻震几下消除大的气泡。

（6）芝士蛋糕的烘烤需要水浴法，在烤盘中倒入少量冷水，再将装有芝士蛋糕糊的模具放入盛有冷水的烤盘中，放入烤箱。

（7）烤箱温度150℃，烘烤60min出炉。

5. 注意事项

（1）蛋清打发必须在无油、无水、无蛋黄的容器中进行，不然会打发失败。

（2）表面开裂，回缩得快，表皮出现褶皱的原因：蛋清打发过度或烤箱底火温度太高。

（3）蛋糕缩腰：烘烤时间不够。

（4）蛋糕不会攀升：蛋清打发不到位，或者搅拌时间过久。

（5）出现布丁层：没翻拌均匀。

（6）太湿：可能进水或者还没熟透，又或者是芝士糊太稀（选用的鸡蛋大小影响芝士糊的黏稠度），这种情况下增加10min的烘焙时间。

（7）出炉后，轻轻震两下，等10min后快速脱模，不需要倒扣，蛋糕会回缩一点，是正常现象。放冰箱冷藏后再食用，组织会更紧实、轻盈、入口即化，味道更佳。

十五、虎皮蛋卷

1. 品种介绍

虎皮蛋卷是戚风蛋糕卷的一种，主要由面粉、玉米油和鸡蛋等食材制作而成，外面有一层形似虎皮的薄层，香软可口，里面有果酱或奶油作为夹心。

2. 器具及设备

电子秤、烤箱、手持打蛋器、硅胶刮刀、油纸、烤盘、面筛、不粘布。

3．原料

原料	用量	原料	用量
虎皮材料		砂糖（蛋清）	30g
蛋黄	6个	砂糖（蛋黄）	20g
砂糖	40g	牛奶	50g
淀粉	14g	玉米油	35g
蛋糕卷材料		淡奶油	150g
鸡蛋	4个	糖粉	15g
面粉	80g		

4．制作步骤

（1）虎皮制作：

①蛋黄和砂糖用打蛋器打发，打发到蛋黄体积膨胀，颜色变浅，呈现蓬松细腻的质地。

②打发好的蛋黄加入过筛的淀粉，并充分拌匀。

③烤盘里铺好不粘布，然后将虎皮面糊倒入烤盘里，抹平，放入烤箱。

④烤箱温度200℃，烘烤7min出炉。

⑤烤好的虎皮出炉，在虎皮表面盖上一张油纸，避免表面变干。虎皮冷却后备用。

（2）戚风蛋糕卷制作：

①将蛋清、蛋黄分开，在蛋黄中加入砂糖，搅打均匀，然后加入玉米油和牛奶拌匀。最后加入过筛的面粉，拌匀成顺滑、细腻、无颗粒的面糊。

②蛋清加入砂糖，打发至干性发泡。

③先将1/3的蛋清和蛋黄面糊混合，再取1/3蛋清继续混合，最后将混合后的面糊倒回蛋清，混合均匀。将面糊倒入铺有不粘布烤盘上，抹平，放入烤箱。

④烤箱温度180℃，烘烤15min出炉。

⑤淡奶油和糖粉打发，将打发的淡奶油均匀涂抹在蛋糕片的表面，把蛋糕卷起来。

⑥在虎皮片上抹薄薄的一层淡奶油，将戚风蛋糕卷接口朝上，横放在虎皮中间，提起两侧油纸，使虎皮贴合在蛋糕卷上，然后将蛋糕卷翻转至接口朝下，用油纸将整个蛋糕卷包好、收紧，放入冰箱冷藏1h，使蛋糕卷定型，取出后切片。

5．注意事项

（1）只有蛋黄充分打发，才能有花纹清晰的虎皮。

（2）虎皮烘烤要用相对较高的温度，烘烤的时间不用太长，烤的时候要随时观察。

（3）虎皮部分的蛋黄必须是常温。

十六、抹茶大理石慕斯

1. 品种介绍

慕斯蛋糕是一款奶冻式的甜品，外形、色泽、结构、口味变化丰富，自然纯正，冷藏后食用更加回味无穷，入口即化。它的出现不仅符合人们追求精致时尚、崇尚自然健康的生活理念，更满足了人们对蛋糕不断提出的新要求。慕斯蛋糕也给甜点师们一个更大的创造空间，通过慕斯蛋糕的制作展示出他们内心的生活感悟和艺术灵感。

2. 器具及设备

电子秤、硅胶刮刀、不锈钢盆、手持打蛋器、模具。

3. 原料

原料	用量	原料	用量
奶油干酪	300g	明胶片	12g
砂糖（干酪）	60g	淡奶油	220g
砂糖（抹茶）	15g	抹茶粉	15g
牛奶（调抹茶酱）	50g	戚风蛋糕片	1片
牛奶（融化明胶）	50g		

4. 制作步骤

（1）明胶片用冷水浸泡变软后备用。

（2）抹茶粉和砂糖混合均匀，倒入加热过的牛奶中拌匀，做成抹茶酱。

（3）奶油干酪室温软化加入砂糖，搅拌至均匀、细腻、无颗粒。

（4）加热的牛奶使明胶片融化，搅拌均匀，加入1/3干酪糊，拌匀，再倒回干酪糊中翻拌均匀。

（5）淡奶油打至五分发，倒入干酪糊中搅拌均匀。

（6）将干酪糊分成两份，其中一份加入抹茶酱搅拌均匀，蛋糕片垫底，两份干酪糊交替倒入模具中。

（7）用筷子划出波纹，放入冰箱冷藏4h。

（8）敷热毛巾或者用吹风机吹一下脱模，切块，备用。

5. 注意事项

（1）抹茶酱要搅打顺滑，用打蛋器辅助。

（2）淡奶油打发至提起打蛋器出现倒弯勾即可，这一步很重要，打得太稠，奶油容易使干酪糊变得很稠，会造成慕斯表面凹凸不平。

（3）模具中可以垫蛋糕片或者黄油融化后与饼干碎的混合底。

十七、咖啡冻芝士蛋糕

1. 品种介绍

浓醇的咖啡，配上丝滑的芝士，口感香滑，芝士的香甜从舌尖弥散开来，轻柔地触及每一方味蕾。随后清苦的咖啡，带走甜腻，不多不少，令人回味无穷。咖啡、冻芝士、蛋糕，三重口味一起满足食客味蕾。

2. 器具及设备

电子秤、冰箱、不锈钢盆、手持打蛋器、硅胶刮刀、模具。

3. 原料

原料	用量	原料	用量
干酪	100g	速溶咖啡	13g
砂糖	15g	温水	10g
朗姆酒	10g	明胶片	4g
淡奶油	90g	戚风蛋糕片	1片

4. 制作步骤

（1）明胶片用冷水泡软备用，咖啡用温水稀释备用。

（2）干酪室温软化后加入砂糖，用打蛋器打至顺滑细腻无颗粒。

（3）干酪加入朗姆酒和咖啡汁搅拌均匀。隔水加热后，放入泡软的明胶片，搅拌至其融化。

（4）奶油打发至五分发，与咖啡干酪糊混合后搅拌均匀。

（5）模具铺上蛋糕片，干酪糊倒入模具中，抹平，放入冰箱冷冻4h。

（6）表面撒可可粉装饰，切块备用。

5. 注意事项

（1）脱模时可用吹风机吹模具四周几秒钟，即可脱模。

（2）干酪温室软化后再打发。

（3）喜欢口味偏苦的咖啡可将速溶咖啡粉换成纯黑咖啡粉。

十八、巧克力巴菲蛋糕

1. 品种介绍

浓滑的巧克力巴菲与海绵蛋糕结合，一口下去有着无法言喻的惬意感觉。"巴菲"是法语音译，是完美的意思。巴菲来源于法国，法式的巴菲更像是一种冰淇淋，把糖和奶油加到蛋黄里，再冷冻制成，炎炎的夏日跟巴菲蛋糕最为搭配。

2．器具及设备

电子秤、冰箱、不锈钢盆、手持打蛋器、齿刀、面筛、打蛋机、抹刀、模具。

3．原料

原料	用量	原料	用量
蛋黄	6个	可可粉	45g
砂糖	160g	淡奶油	700g
牛奶	75g	海绵蛋糕	2片
黑巧克力	75g		

4．制作步骤

（1）将蛋黄、牛奶和砂糖隔水加热并不断搅拌至浓稠顺滑。

（2）黑巧克力切小块，倒入蛋黄混合物里，搅拌至黑巧克力完全熔化，然后加入过筛的可可粉，搅拌均匀。

（3）将拌好的蛋黄可可糊隔冰水搅拌至冷却。

（4）淡奶油打至六分发。

（5）蛋黄糊与打发的淡奶油翻拌拌匀。

（6）一片蛋糕片铺在蛋糕模底部，倒上一半的巴菲糊，抹平，放上另一片蛋糕片，倒入全部的巴菲糊。

（7）表面抹平，用保鲜膜包裹，冷冻5h后拿出切块即可。

5．注意事项

（1）加热并搅拌蛋黄的时候，一定要注意火候，不要加热过久使蛋黄凝固成颗粒状。

（2）如果不制作海绵蛋糕部分，直接将巧克力巴菲放入模具里，冻硬后切成小块食用。

（3）巴菲蛋糕放在冷冻室可保存很长时间（需密封以防串味或变干），刚从冷冻室取出的蛋糕如果偏硬，可温室下放置20min再食用，口感更细腻浓滑。

（4）不用担心蛋糕片在冷冻后太硬，如果蛋糕坯制作得十分松软、膨松，那么即使冷冻后也不会太硬。

（5）脱模时可用吹风机吹模具四周几秒钟，即可脱模，脱模后蛋糕切成若干份食用，如果想要更美观些，可在蛋糕顶部撒一些巧克力碎屑或者糖粉作为装饰。

十九、提拉米苏

1. 品种介绍

提拉米苏是一种带咖啡酒味的意式甜点，以马斯卡彭干酪作为主要材料，再以手指饼干取代传统甜点的海绵蛋糕，加入咖啡、可可粉等其他材料制作而成，入口香、滑、甜、润，味道并不是一味的甜，品尝的不光是美味，还有爱和幸福。

2. 器具及设备

电子秤、打蛋机、冰箱、不锈钢盆、硅胶刮刀、手持打蛋器、模具。

3. 原料

原料	用量	原料	用量
鸡蛋	4个	明胶片	8g
砂糖（蛋黄）	30g	蛋糕片	1片
砂糖（蛋清）	35g	手指饼干	250g
马斯卡彭干酪	250g	咖啡糖水	30g
淡奶油	100g	可可粉	5g
朗姆酒	25g		

4. 制作步骤

（1）将淡奶油打发，干酪打发至微微发白后一起放入冰箱冷藏。明胶片放入水中泡软后隔水加热至融化后备用。

（2）将蛋黄与砂糖倒入盆中，隔水加热微微打发，蛋清中加入砂糖，打发至干性发泡后即可。

（3）蛋清与蛋黄糊混合，加入融化的明胶片搅拌均匀，将淡奶油和干酪混合搅拌均匀后加入鸡蛋糊中，倒入朗姆酒搅拌均匀。

（4）蛋糕片铺底，倒入一层干酪糊，再铺上浸满咖啡糖水的手指饼干，将干酪糊倒入模具中，冷藏5h后取出。

（5）表面撒可可粉装饰，切块备用。

5．注意事项

（1）搅拌时注意搅拌手法，避免过度搅拌导致消泡。

（2）手指饼干应该泡透泡软，可以一层手指饼干夹心也可两层夹心。

第二节
饼干类

一、玛格丽特饼干

1. 品种介绍

玛格丽特饼干属于典型的欧式甜点，是最基础的入门西点之一。这款饼干有一个浪漫的故事：很久以前，一位糕点师在制作这款饼干时，心里默念着恋人的名字，并将自己的手印按在饼干上，他的恋人就是玛格丽特。

小巧的外表，酥脆的口感以及入口即化的味觉享受，无不让每一个品尝过它的人印象深刻。这款饼干上手简单，失败率低。

2. 器具及设备

电子秤、打蛋机、烤箱、烤盘、面筛、硅胶刮刀。

3. 原料

原料	用量	原料	用量
黄油	370g	面粉	490g
糖粉	180g	杏仁片	45g

4. 制作步骤

（1）黄油和糖粉搅打至七分发。

（2）加入过筛的面粉拌匀，加入杏仁片揉匀。

（3）将揉好的面团分成15g/个，揉成小圆球，每个间隔2cm，均匀地摆放在烤盘里。

（4）用大拇指按压圆球中心，会自然地出现漂亮的裂纹，放入烤箱。

（5）烤箱温度180℃，烘烤20min出炉。

5．注意事项

（1）黄油和糖粉的打发要适当，天热的时候黄油本身就已经很软，很容易打发，天冷的时候则需要软化后再打发，打发至稍微发白即可。

（2）饼干摁压的高度要统一，这样烘烤的饼干每一块都能受热均匀。

（3）喜欢其他味道的可以把杏仁片替换成同等重量的其他食材，例如：蔓越莓、熟花生碎。同样也可在面粉中加入15g的抹茶粉或者可可粉来增加其风味。

二、椰蓉曲奇

1．品种介绍

曲奇饼在美国与加拿大的解释为细小而扁平的饼干，意为"小蛋糕"。浓郁可口的椰蓉融入传统曲奇中，造就了美味的椰蓉曲奇。这款曲奇味道充满了椰香和蛋香，且伴着砂糖的甜美，三种味道在口中萦绕，香味浓郁、松脆可口，令人回味无穷。

2．器具及设备

电子秤、面筛、打蛋机、烤盘、烤箱、不锈钢盆。

3．原料

原料	用量	原料	用量
面粉	150g	蛋黄	200g
糖粉	70g	粗砂糖	20g
黄油	90g		

4．制作步骤

（1）蛋黄打散，加入椰蓉拌匀，再加入过筛的面粉搅拌均匀。

（2）黄油和糖粉打发，分3次加入面糊，搅拌均匀。

（3）用保鲜膜包裹，放入冰箱冷藏15min。

（4）冷藏后的面团，擀制成0.8cm厚的薄片，切成4cm×4cm的正方形。

（5）切好后表面刷蛋液、蘸粗砂糖，相互间隔2cm，均匀地摆放在烤盘上，放入烤箱。

（6）烤箱温度180℃，烤制15min出炉。

5. 注意事项

（1）调制好的面团，冷藏后再擀制，更容易定型。

（2）曲奇摆入烤盘时注意间隔距离，否则烤的时候会相互粘连。

（3）凉透后密封，可以保存15d以上。

三、蔓越莓饼干

1. 品种介绍

这是一款制作非常简单的饼干，把所有的材料混合在一起，原料简单，味道好，成功率高。打发后的黄油包裹了足够的空气，为其带来酥松感，饼干入口即化、老少皆宜，再搭配上蔓越莓干，在甜蜜中又增添了一丝丝酸，让人回味无穷。

2. 器具及设备

电子秤、烤箱、硅胶刮刀、不锈钢盆、手持打蛋器、面筛、烤盘、饼干模具。

3. 原料

原料	用量	原料	用量
面粉	230g	鸡蛋	1个
糖粉	110g	蔓越莓干	70g
黄油	150g		

4．制作步骤

（1）黄油温室软化，加入糖粉搅打至膨松的羽毛状，加入鸡蛋搅匀。

（2）加入过筛的面粉，用刮刀拌匀，最后加入切碎的蔓越莓干，翻拌均匀。

（3）面团用保鲜膜包裹，放到饼干模具中塑形，放入冰箱冷冻2h。取出用刀切成5mm厚的薄片，每个间隔2cm，整齐地摆放在烤盘上，放入烤箱。

（4）烤箱温度180℃，烘烤16min出炉。

5．注意事项

（1）冬天温度较低，黄油需提前在室温下软化。

（2）蔓越莓干切碎了再拌入面团中。

（3）塑形好的冷冻面团拿出后在室温下软化10min再切，面团不要冷冻太久，以免切的时候容易碎掉。

四、奶酪饼干

1．品种介绍

　　奶酪饼干以面粉、黄油、奶油干酪等为原料，经烘烤制成。芝香浓郁、质地绵密、香酥可口、营养丰富、好吃不腻。尤其是作为下午茶点心搭配一杯黑咖啡，让人无法拒绝。

2．器具及设备

　　电子秤、烤箱、烤盘、手持打蛋器、面筛、擀面杖、不锈钢盆、硅胶刮刀。

3．原料

原料	用量	原料	用量
黄油	120g	蛋黄	3个
奶油干酪	100g	盐	2g
面粉	245g	奶粉	22g
砂糖	90g		

4．制作步骤

（1）将黄油和奶油干酪切小块在室温下软化后，加入砂糖和盐搅打至体积变大、膨松、变白，然后分3次加入蛋黄搅打均匀。

（2）加入过筛的面粉和奶粉，用刮刀翻拌至无干粉状态。

（3）面团放入烤盘，擀至6mm厚的薄片。

（4）用扎孔器扎孔，表面刷一层蛋黄液，松弛10min后放入烤箱。

（5）烤箱温度170℃，烘烤22min。

（6）出炉后不需要凉透，先用刀切成小长方形或方形，凉透后再密封保存。

5．注意事项

（1）黄油和奶油干酪的软化是关键，软化不到位不容易打发。

（2）烤盘垫不粘布，烤好后更方便取出饼干。

（3）烘烤时如果颜色变深了，可以盖张锡纸。

（4）不需要全部凉透，就可以切成大小均匀的方形，凉透再切，容易切碎。

（5）奶油干酪容易结块，会使饼干表面隆起，所以要和奶油彻底混合均匀。

五、豆沙一口酥

1．品种介绍

豆沙一口酥是由面粉、鸡蛋、糖、豆沙等原料制成的一道甜品，做法简单，口感酥松香甜、老少皆宜，且状如其名，大小可以一口一个，吃起来方便快捷，更具风味。

2．器具及设备

电子秤、烤箱、烤盘、打蛋机、毛刷、擀面杖。

3．原料

原料	用量	原料	用量
面皮材料		蛋黄	1个
面粉	200g	豆沙馅材料	
黄油	100g	红豆	200g
砂糖	40g	水	500g
鸡蛋	1个	砂糖	50g
黑芝麻	5g	黄油	60g

4．制作步骤

（1）红豆淘洗两遍后放入高压锅，加入两倍的清水，高压锅上汽之后压30min。

（2）把煮好的红豆全部碾碎，倒入锅中，加入黄油，中火炒制，边炒边搅拌，水分蒸发后加入砂糖，小火炒制，继续翻拌，直到豆沙不粘锅成团，出锅备用。

（3）黄油室温软化后加入砂糖打发至发白、略微膨松，分两次加入蛋液，继续打发使其与黄油完全融合。

（4）加入过筛的面粉，揉成面团。

（5）面团擀成厚度0.5cm、宽度5cm的面皮，将豆沙馅搓成长条，用擀好的面皮包起来，搓圆、整形。切出每个3cm的小块，表面刷蛋液，撒上黑芝麻，相互间隔2cm，均匀地摆放在烤盘上，放入烤箱。

（6）烤箱温度180℃，烤制15min出炉。

5．注意事项

（1）面团揉好后用保鲜膜包裹，放入冰箱冷藏30min以便定型。

（2）豆沙馅需比较干，太湿太软的馅料影响成品的品相和口感。

（3）擀的面皮厚薄要均匀，收口处刷蛋液。

六、红糖燕麦饼干

1．品种介绍

红糖是甘蔗糖里最原始、最正宗的"蔗糖之祖"，红糖的雏形便是甘蔗榨汁后经阳光照射形成的半凝固状软糖。真正的红糖还是采用大唐时期特使出使印度带回来的制糖工艺，甘蔗榨汁，经过反复除杂，大火熬制，最后得到淡黄色的砂糖。而红糖燕麦饼干正是以面粉和红糖以及燕麦为主要原料制作的饼干。口感酥脆不油腻、营养丰富，是下午茶的最好选择。

制作视频

2. 器具及设备

电子秤、烤箱、烤盘、不锈钢盆、手持打蛋器、硅胶刮刀、面筛。

3. 原料

原料	用量	原料	用量
面粉	180g	玉米油	160g
燕麦	200g	黄油	30g
鸡蛋	1个	蜂蜜	50g
小苏打	2g	椰蓉	20g
红糖	90g		

4. 制作步骤

（1）玉米油和红糖用打蛋器搅打均匀，加入鸡蛋和蜂蜜继续搅打均匀。

（2）加入过筛的面粉和小苏打、燕麦片、椰蓉，与黄油混合成团。

（3）称出每个15g的面团均匀摆放烤盘中，每个面团的间隔距离为6cm，用掌心将每个面团压扁成直径5cm、厚度0.5cm的圆饼，放入烤箱。

（4）烤箱温度180℃，烘烤18min出炉。

5. 注意事项

（1）所有材料混合成团即可，不要用力揉。

（2）面团尽量压得薄一点，越薄烤出来的饼干越脆。

（3）烤饼干时一定要注意火候，避免颜色过深。

（4）饼干冷却后非常酥脆，如果不脆或咬时有撕扯感证明烤的时间不够，或者是面团压得不均匀，厚薄不一。

七、芝麻薄脆饼干

1. 品种介绍

薄脆，顾名思义，既薄又脆，但薄而不碎、脆而不艮、香酥可口。用最少的时间，最简单的食材制作出最迷人的味道，芝麻香味浓郁、香脆可口。

2. 器具及设备

电子秤、烤箱、烤盘、裱花袋、不锈钢盆、硅胶刮刀、面筛、手持打蛋器、不粘布。

3. 原料

原料	用量	原料	用量
面粉	150g	玉米油	80g
砂糖	70g	白芝麻	40g
蛋清	5个		

4. 制作步骤

（1）蛋清、玉米油、砂糖搅拌至均匀、顺滑、无结块的状态，加入过筛的面粉，最后加入白芝麻拌匀。

（2）将搅拌好的面糊倒入裱花袋，裱花袋剪适当小口，在铺有不粘布的烤盘上挤出直径4cm的圆形面糊，且圆形面糊间距不得小于4cm，放入烤箱。

（3）烤箱温度160℃，烤制15min，烤至金黄色即可。

5．注意事项

（1）面粉过筛，以免形成面疙瘩。

（2）用裱花袋将面糊挤到烤盘上时面糊团之间要有4cm以上的间距，避免面糊因流动粘到一起。

（3）用不粘烤盘或者烤盘垫不粘布。

（4）玉米油可以用隔水加热融化的黄油代替。

（5）白芝麻可换成黑芝麻，更具风味。

（6）饼干冷却后非常酥脆，如果不脆或咬时有撕扯感证明烤的时间不够，或者是面糊挤得不均匀，厚薄不一。

八、手指饼干

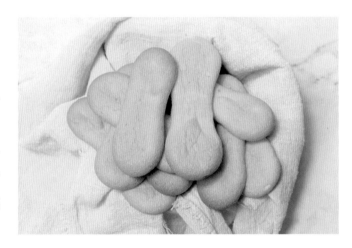

1．品种介绍

手指饼干的外形类似于手指的形状，口感酥脆、香甜可口。它的质地有些类似干燥过的海绵蛋糕，能够吸收大量的水分，所以很适合用来做提拉米苏的基底及夹层。

2．器具及设备

电子秤、烤箱、烤盘、手持打蛋器、面筛。

3．原料

原料	用量	原料	用量
蛋清	4个	蛋黄	4个
香草香精	2g	砂糖（蛋清）	50g
面粉	100g	砂糖（蛋黄）	50g

4．制作步骤

（1）蛋清打发至起泡，分次加入砂糖，搅打至干性发泡即可。

（2）蛋黄和砂糖打发至完全融合。

（3）将打发好的蛋清和蛋黄混合均匀。

（4）加入过筛的面粉和香草香精搅拌均匀。

（5）将面糊灌入裱花袋，烤盘垫不粘布，挤2cm×8cm的长条，放入烤箱。

（6）烤箱温度180℃，烤制15min出炉。

5．注意事项

（1）蛋清打发时要注意先快后慢。

（2）蛋清打发的关键点：搅打速度不能过快，分次加入砂糖。

（3）混合饼干糊时注意Z字形搅拌，以免消泡。

（4）手指饼干的吸水性强，要注意密封保存。

九、珍妮曲奇

1．品种介绍

珍妮曲奇也称为"牛油云顶小花"，不但讲究外形漂亮，而且加入杏仁粉的曲奇更加酥松绵软。这是一款老少皆宜的曲奇饼干，纹路清晰、香酥可口，入口瞬间融化，奶香味在口中绽放，是曲奇界的"佼佼者"。

制作视频

2．器具及设备

电子秤、烤箱、烤盘、打蛋机、硅胶刮刀、面筛、裱花袋、裱花嘴。

3. 原料

原料	用量	原料	用量
黄油	370g	淡奶油	105g
糖粉	180g	杏仁粉	90g
面粉	420g	淀粉	60g

4. 制作步骤

（1）黄油在室温下软化，加入糖粉、杏仁粉和淡奶油，打发至完全发白。

（2）加入过筛的面粉和淀粉搅拌均匀。

（3）面糊分批次装入裱花袋，间隔2cm均匀地挤在烤盘上，放入烤箱。

（4）烤箱温度180℃，烘烤12min出炉。

5. 注意事项

（1）黄油要提前在室温下软化，黄油和糖粉、淡奶油和杏仁粉一定要打发至完全发白，打发不足会导致曲奇面糊过硬，挤起来费时费力。

（2）黄油软化过度会导致黄油的油脂和乳液发生分离，烘烤过程中会塌。

（3）打好的曲奇面糊分批次加入裱花袋中（一次加入太多不好挤），裱花袋内使用三能7092裱花嘴。右手拿裱花袋放入馅料的地方，左手轻提起裱花袋的末端。挤面糊的时候左右微微晃动，这样一朵牛油云顶小花就挤好了。

（4）曲奇要挤得大小匀称，依次排列，间隔距离，这样烤出来的曲奇受热均匀，切记不要把曲奇的颜色烤得太深。

（5）如果喜欢可可味或者抹茶味，可在制作的第二个步骤中加入15g的可可粉或抹茶粉。

十、巧克力曲奇饼干

1. 品种介绍

浓郁的可可味曲奇包裹着巧克力豆，香酥的口感加上巧克力独有的香味使之成为经典之作，搭配一杯热牛奶，美好的下午茶时光就此展开。

2. 器具及设备

电子秤、烤箱、烤盘、手持打蛋器、硅胶刮刀、不粘布。

3. 原料

原料	用量	原料	用量
面粉	195g	糖粉	120g
淀粉	160g	盐	2g
可可粉	42g	黄油	158g
鸡蛋	2个	耐热巧克力豆	80g

4. 制作步骤

（1）将黄油和糖粉打发。

（2）加入鸡蛋搅打均匀，避免油水分离。

（3）加入过筛的面粉、淀粉、可可粉和盐，用刮刀翻拌至均匀无颗粒后加入巧克力豆拌匀。

（4）将面团分成15g/个的小面团，放入铺有不粘布的烤盘中塑成扁圆形，相互间隔4cm，放入烤箱。

（5）烤箱温度170℃，烤制18min出炉。

5. 注意事项

（1）鸡蛋选用常温的，如鸡蛋存放在冰箱中需提前取出回温，避免搅拌时油水分离。

（2）巧克力豆选用专用的耐烘烤巧克力豆，避免烤制时巧克力豆熔化。

（3）黄油需要提前在室温下软化，便于搅拌。

十一、蛋挞

1. 品种介绍

烘焙的乐趣，应该从做简单的蛋挞开始。蛋挞即以蛋浆为馅料的塔，烤出的蛋挞外层酥松、内层香甜、丝滑可口、香甜浓郁。我们从烘焙中找到乐趣，慢慢享受食材在手中变为美味的乐趣。

2. 器具及设备

电子秤、烤箱、烤盘、不锈钢盆、刀、擀面杖、蛋挞模具、面筛、手持打蛋器。

3. 原料

原料	用量	原料	用量
蛋挞皮材料		蛋挞液材料	
面粉	300g	淡奶油	220g
黄油	40g	牛奶	250g
鸡蛋	1个	砂糖	60g
水	140g	鸡蛋	6个
麦淇淋（裹进面团）	150g		

4. 制作步骤

（1）蛋挞液的制作：淡奶油、牛奶和砂糖搅拌至砂糖无颗粒，加入打散的鸡蛋，搅拌均匀，过筛备用。

（2）蛋挞皮的制作：

①面粉加入黄油、鸡蛋和水，揉成光滑的面团，用保鲜膜包裹，入冰箱冷藏30min。

②将松弛好的面团擀开，包入麦淇淋，封口，口朝下，擀长对折、再对折（折四折），放冰箱冷藏30min。松弛后，再擀一次对折、再对折，入冰箱冷藏10min，再擀一次对折、再对折，入冰箱冷藏10min。

③从冰箱取出，擀成4mm厚的薄片，用模具扣圆。

④将圆面团放进蛋挞模具，用两个大拇指从下往上按住面团，往蛋挞模具边缘上按，让面团填满整个模具。

⑤蛋挞液倒入面皮中七分满，放入烤箱。

⑥烤箱温度190℃，烤制20min出炉。

5. 注意事项

（1）开酥最怕黄油化掉，如果气温比较高，可以多冷藏一会儿，这样开酥效果会更好。

（2）蛋挞皮底部一定要按得薄一些，不然底部不容易开酥，影响口感。

（3）蛋挞皮开酥最重要的影响因素是面团和麦淇淋的软硬度一致，这样才会层次分明。

（4）蛋挞液不要倒太多，七分满即可。

（5）倒完蛋挞液后的蛋挞马上送入烤箱烘烤，时间太久蛋挞液会把蛋挞皮泡软。

（6）淡奶油可以用等量的牛奶代替。

十二、抹茶麻薯曲奇

1. 品种介绍

抹茶微苦的独特风味加上麻薯独有的软糯口感，放进嘴里轻轻一咬，瞬间化开淡淡的甜味和抹茶味，甜而不腻，酥香可口，诞生出了独具风味的抹茶麻薯曲奇，深受无数青年男女的宠爱。

2. 器具及设备

烤箱、烤盘、蒸锅、不锈钢盆、打蛋机、刮板、电子秤、面筛。

3. 原料

原料	用量	原料	用量
麻薯材料		曲奇材料	
糯米粉	100g	面粉	250g
淀粉	30g	黄油	120g
牛奶	200g	抹茶粉	14g
砂糖	20g	鸡蛋	1个
黄油	20g	淡奶油	60g
蜜豆	80g	砂糖	90g

4. 制作步骤

（1）麻薯制作：

①糯米粉、淀粉、糖和牛奶，搅拌至顺滑、无颗粒，放入蒸锅蒸制30min。

②蒸熟的麻薯揉进黄油，分成每个10g的小面团，包入蜜豆，备用。

（2）曲奇制作：

①黄油和砂糖打至砂糖溶化、黄油发白，加入鸡蛋和淡奶油，继续打发。

②加入过筛的面粉和抹茶粉搅拌均匀，揉成团，分成每个15g的小面团。

③包入蜜豆的麻薯用曲奇面团包裹起来，稍稍按平，放入烤箱。

④烤箱温度180℃，烘烤15min出炉。

5. 注意事项

（1）蒸熟的麻薯揉进黄油时需佩戴一次性手套进行操作，避免麻薯粘在手上，影响操作。

（2）加入面粉和抹茶粉时注意过筛处理，避免粉类结块影响口感。

（3）曲奇放凉后麻薯会变硬，食用时微波炉加热15s。

十三、罗马盾饼干

1. 品种介绍

第一次听到罗马盾饼干这个名字，便会让人联想到罗马假日的浪漫及威严，每一面盾牌后面仿佛都藏着一段故事。罗马，神秘而古老，虽不曾到过罗马，但是每一天我们都可以享受罗马盾饼干的味道，此西点是一道因形似古罗马时期士兵盾牌而得名的饼干，呈椭圆形，麦芽糖的香浓和杏仁片的脆爽融合在一起，香脆无比，令人回味无穷。

2. 器具及设备

电子秤、烤箱、烤盘、不粘布、面筛、裱花袋、裱花嘴、手持打蛋器、不锈钢盆。

3. 原料

原料	用量	原料	用量
黄油	100g	馅料材料	
糖粉	80g	黄油	60g
面粉	200g	糖粉	45g
鸡蛋	2个	麦芽糖	90g
		杏仁片	50g

4. 制作步骤

（1）黄油在室温下软化后加入糖粉打发，打发到膨松、发白，加入鸡蛋继续打发。

（2）加入过筛的面粉拌匀即可。

（3）烤盘垫不粘布，将三能7062裱花嘴装入裱花袋内。将面糊挤出像"O"一样的图案，面糊之间注意间隔2cm。

（4）馅料制作：黄油隔水加热熔化，加入糖粉和杏仁片搅拌均匀，再加入麦芽糖拌匀。

（5）用勺子取出馅料放到挤好的"O"形面糊里，馅料占"O"形图案的1/3，放入烤箱。

（6）烤箱温度160℃，烘烤16min出炉。

5. 注意事项

（1）烤盘一定要垫不粘布，防止馅料融化后难以取下整个饼干。

（2）挤面糊时不能有空隙，否则馅料会在烘烤的过程中溢出。

（3）右手拿裱花袋挤，左手提着裱花袋末端。

（4）黄油需要打发到发白、体积膨大，打发的时间过短会导致很难从裱花袋挤出来，使用布料裱花袋，不建议用一次性裱花袋（容易挤爆）。

（5）麦芽糖切记用温水融化，也可放入微波炉内加热30s。

（6）馅料一定不要放多，放"O"形图案的1/3即可。

十四、脆皮泡芙

1. 品种介绍

　　泡芙，一款来自意大利的甜点，人们在各种喜庆场合中，喜欢将它堆成泡芙塔，既甜蜜又浪漫，它的口感和味道令无数甜品爱好者欲罢不能，焦香酥脆的外壳，搭配上香甜软糯的馅料，外酥里滑，足以颠覆你的味蕾。

2. 器具及设备

电子秤、烤箱、烤盘、手持打蛋器、不锈钢盆、裱花袋、裱花嘴、面筛。

3. 原料

原料	用量	原料	用量
泡芙材料		酥皮材料	
黄油	250g	黄油	120g
砂糖	12g	面粉	130g
牛奶	500g	糖粉	50g
面粉	300g		
鸡蛋	8个		

4. 制作步骤

（1）酥皮制作：将黄油和糖粉打发，加入面粉，搅拌均匀，擀成2mm厚的薄片冷藏备用。

（2）泡芙制作：

①黄油、砂糖和牛奶小火煮沸，离火加入过筛的面粉搅拌均匀。快速搅拌至面团无颗粒，冷却10min。

②分次加入鸡蛋，不断搅拌均匀至提起打蛋器头面糊可以断断续续流下，呈倒三角形，搅拌至面糊光泽柔顺后装入裱花袋，面糊团大小均匀整齐地挤在烤盘上，相互间隔4cm。

③将冷藏的酥皮用直径4cm的慕斯圈压出来，盖在挤好的泡芙上，放入烤箱。

④烤箱温度180℃，烤制35min出炉。泡芙放凉后用裱花袋挤入自己喜欢的馅心即可。

5. 注意事项

（1）制作酥皮的黄油需要提前在室温下软化，打发得越细腻越好，面粉分两次加入，拌匀即可。

（2）面粉需要过筛，防止面粉结块，加入面粉后快速搅拌至无颗粒。

（3）蛋液要在面糊稍微冷却后分3次加入，每次搅拌至面糊充分吸收再继续加入蛋液。

（4）冻好的酥皮预先适当回温软化，切制成与面糊团大小相同的2mm薄片即可。

十五、魔鬼曲奇

1. 品种介绍

魔鬼曲奇坚硬的外表下裹着一颗柔软的心，外壳脆硬，内心酥软，既有饼干的酥脆也有蛋糕的松软。浓浓的巧克力味道，让人回味无穷。巧克力和曲奇的完美搭配，更是好吃到停不下来。

2. 器具及设备

电子秤、烤箱、烤盘、不锈钢盆、面筛、手持打蛋器、保鲜膜。

3. 原料

原料	用量	原料	用量
黄油	135g	可可粉	35g
黑巧克力	300g	泡打粉	16g
砂糖	150g	糖粉（表面裹粉用）	25g
鸡蛋	4个	淀粉（表面裹粉用）	25g
面粉	300g		

4. 制作步骤

（1）黄油和黑巧克力隔水加热至融化，加入砂糖搅拌至均匀无颗粒。

（2）鸡蛋搅打均匀，分两次打入步骤（1）液体中，搅拌均匀。

（3）再加入过筛的面粉、可可粉和泡打粉搅至顺滑无颗粒。

（4）用保鲜膜包裹冷藏12h。

（5）冷藏后拿出，分成每个15g的小面团，揉圆，裹上糖粉和淀粉混合粉。

（6）把曲奇均匀地摆放在烤盘上，相互间隔4cm，放入烤箱。

（7）烤箱温度170℃，烤制20min。

5. 注意事项

（1）搓圆时，要避免面团在手中时间过长表面因手掌的温度而融化。

（2）操作时要轻拿轻放，避免掉粉或变形。

（3）面糊需要冷藏静置至少12h以上。如能提前一天冷藏静置，隔夜后再成形，烤制效果更佳。

（4）一定要在烤盘上垫上不粘布避免成品粘在烤盘上，方便完整地取下。

（5）为使成品美观，糖粉和玉米淀粉的混合粉要多裹一些（不可省略，这是曲奇烤制完成后出现明显裂纹的主要原因）。

（6）球形面团在烘烤时会软塌变成圆饼，所以面团相互之间间隔4cm的距离，以免粘在一起。

十六、凤梨酥

1. 品种介绍

凤梨酥，是源自于中国台湾省的传统美食，常常出现在当地的伴手礼中，是十分传统且美味的甜点，好的馅心是用新鲜的菠萝肉小火熬制5~6个小时而成，可以牵出完美的金丝，丝丝晶莹剔透，口感绵密软弹，口味微酸，营养丰富。

2．器具及设备

电子秤、打蛋机、烤箱、烤盘、硅胶刮刀、面筛、模具。

3．原料

原料	用量	原料	用量
内馅材料		表皮材料	
菠萝肉	1700g	黄油	252g
冰糖	240g	糖粉	38g
麦芽糖	165g	奶粉	42g
		杏仁粉	22g
		鸡蛋	1个
		面粉	330g

4．制作步骤

（1）馅的制作：

①菠萝去皮，洗净切丝，将切好的菠萝肉放入锅中，加入冰糖小火慢熬。

②熬至菠萝肉渐渐溶碎，水分变少，加入麦芽糖继续翻炒，炒至颜色金黄且呈黏稠状关火，放凉备用。

（2）皮的制作：

①将黄油、糖粉、奶粉和杏仁粉放入打蛋机中打发，在打发过程中加入鸡蛋，打匀后加入过筛的面粉拌匀即可。

②拌匀的面团分成每个15g的小面团。

（3）包入20g的凤梨馅，包好后按入凤梨酥模具，放入烤箱。

（4）烤箱温度180℃，烤制13min出炉。

（5）凉后取下模具，包装。

5．注意事项

（1）注意把果肉里的钉眼清理干净，菠萝心较硬，用料理机绞碎处理。

（2）黄油需提前在室温下软化，蛋液分3次加入，每次搅拌至完全吸收后再次加入。

（3）面粉须过筛，避免结成小块。

（4）调好的面团用保鲜膜包裹松弛10min更易操作。

（5）包馅时可以在手上沾一点面粉防粘，包裹均匀避免露馅。

十七、生巧克力

1. 品种介绍

在日语中，"生"用来形容新鲜的食物，我们一般把生巧克力叫作"生巧"，所以生巧是指新鲜的、保质期不长的巧克力。生巧以巧克力、淡奶油和黄油为主要原料，经过一定特殊的加工工艺制作而成，相比于我们一般食用的巧克力，它的口感更加细腻甜美、柔顺嫩滑。

2. 器具及设备

电子秤、齿刀、油纸、生巧模具、奶锅、不锈钢盆、硅胶刮刀、面筛。

3. 原料

原料	用量	原料	用量
黑巧克力	200g	黄油	250g
白巧克力	100g	黑朗姆酒	50g
蜂蜜	20g	可可粉	50g
淡奶油	180g		

4. 制作步骤

（1）油纸折好垫在模具里备用；将黑巧克力和白巧克力切碎放入盆中，加入黄油备用。

（2）将淡奶油和蜂蜜倒入奶锅中，边煮边搅拌，小火煮开后离火。

（3）把煮开的淡奶油倒进盆里快速拌匀，直至巧克力、黄油完全熔化，然后加入黑朗姆酒搅拌均匀。

（4）倒入模具中轻轻震平，冷冻4h后拿出脱模，撒可可粉，切块、装盒即可。

5. 注意事项

（1）淡奶油不要煮太久，小火边煮边搅拌，边缘冒泡即可。

（2）要冻硬了再切块，冻硬的生巧切时不粘刀，刀在使用前加热，切起来巧克力边缘更整齐。

（3）生巧切之前用尺子量好尺寸，均匀地切块。

（4）切块前撒上可可粉。

（5）制作好的生巧尽量在一周内食用完，以免影响味道和口感。

十八、椰奶小方

1. 品种介绍

软弹嫩滑的牛奶冻，裹着美味的椰蓉，看上去无比诱人，浓郁的奶香与椰香完美融合，吃起来入口即化、甜而不腻、清凉爽口。冷藏后食用，口感更佳，夏天要的就是这种小清新。

2. 器具及设备

手持打蛋器、不粘锅、模具、刀。

3. 原料

原料	用量	原料	用量
牛奶	242g	砂糖	40g
淡奶油	98g	椰蓉	100g
淀粉	45g		

4. 制作步骤

（1）模具底部铺一层椰蓉备用。

（2）将牛奶、淀粉、淡奶油和砂糖搅拌至均匀、无颗粒，开小火边煮边搅拌，至液体黏稠，呈顺滑细腻的面糊状。

（3）将搅拌好的液体倒入模具中，抹平，撒椰蓉，冷藏1h后取出，切块、撒椰蓉即可。

5. 注意事项

（1）所有的原料在加热前就要搅拌均匀，不然加热的时候会结块，用奶锅、平底锅、不粘锅都可以。

（2）一定小火慢熬，不停搅拌。

（3）喜欢椰汁味浓厚的可以减少40g牛奶，加40g椰汁或者椰浆。

（4）喜欢其他口味的可以加10g可可粉或抹茶粉。

十九、雪媚娘

1. 品种介绍

雪媚娘源自日本，原名为"大福"，是日本地道的点心之一。它的馅料都是以当季的水果为主。雪媚娘细白软糯，第一口咬到的是特别弹滑的冰皮，里面有奶香怡人的淡奶油裹着好吃的水果粒，口感丰富。

2. 器具及设备

电子秤、刮板、蒸锅、擀面杖、打蛋机、裱花袋、手持打蛋器、不粘锅。

3. 原料

原料	用量	原料	用量
表皮材料		内馅材料	
糯米粉	250g	奶油	500g
淀粉	75g	糖粉	80g
砂糖	100g	水果	200g
牛奶	425g	巧克力饼干碎	200g
黄油	20g		

4．制作步骤

（1）将糯米粉、淀粉、砂糖和牛奶搅匀至无颗粒，放入蒸锅蒸30min。

（2）蒸熟后放置稍凉，将黄油揉进糯米团中，分成每个15g的剂子。

（3）糯米粉小火炒5min，炒熟备用。

（4）案板撒熟糯米粉（防止糯米皮粘在桌子上），将剂子擀成直径8cm的圆皮。

（5）奶油加糖粉打发，装入裱花袋。

（6）圆皮挤上奶油，包入30g的水果或20g的巧克力饼干碎。

5．注意事项

（1）雪媚娘皮的原料蒸30min呈半透明状即可。

（2）擀皮的时候趁热擀，先按一下，再从中间到四周擀匀，不要擀得太薄，大小均匀，成品会更美观。

（3）挤奶油时，要一层奶油、一层馅料然后再一层奶油，包紧收口。

（4）雪媚娘的馅料里面可以换成任意的水果或者其他口味的馅心。

（5）做好的雪媚娘用纸托放好，不容易散。

（6）雪媚娘冷藏后口感更佳。

二十、毛巾卷

1．品种介绍

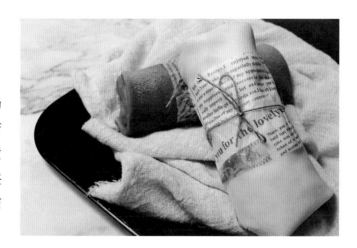

毛巾卷以鸡蛋、面粉、牛奶为原料，是一种新兴的网红产品，制作简单。表面毛茸茸的质感，像毛巾一样，口感细腻，夹着奶油、新鲜水果等馅料，甜而不腻、令人回味无穷。

2．器具及设备

电子秤、不粘锅、面筛、手持打蛋器、硅胶刮刀、保鲜膜。

3. 原料

原料	用量	原料	用量
鸡蛋	3个	牛奶	400g
黄油	10g	糖粉	15g
面粉	150g	淡奶油	150g

4. 制作步骤

（1）鸡蛋打散加入牛奶搅拌均匀，倒入过筛的面粉里搅拌至均匀、无颗粒。

（2）加入融化的黄油搅拌均匀，过筛备用。

（3）不粘锅小火加热，舀一勺面糊放入不粘锅，立刻提起锅顺时针转一圈，让面糊薄薄地均匀铺满锅内，待面糊凝固，出锅、晾凉。

（4）饼皮一张叠一张，6张面皮依次摆放好。

（5）淡奶油加糖粉打发，饼皮抹上奶油，两边折叠，从一头卷起来，用保鲜膜包裹，放入冰箱冷藏1h定型。

5. 注意事项

（1）选用平底不粘锅。

（2）可以加入可可粉或者抹茶粉，增加其风味。

（3）卷好后放冰箱冷藏1h以上是为了更好地定型。

（4）面糊需过筛，这样才能无颗粒、无气泡。

（5）煎的火候是关键，一定小火，大火会让蛋皮起泡、变老以及焦煳。

（6）可以添加任意的夹心。

二十一、马卡龙

1. 品种介绍

马卡龙，是一种法式甜点，由蛋白、杏仁粉、砂糖并夹有水果酱或各种馅心精心制作而成。一枚完美的马卡龙，表面光滑，

外观小巧精致，饼身下缘有一圈漂亮的蕾丝裙边，更显档次，不同装饰材料和色粉的加入使其色彩搭配更加丰富。加之各种馅心的质感和杏仁饼的韧劲，拥有酥脆薄薄外壳和绵软内层的马卡龙在软滑之余又增加了嚼劲，口感细腻、外酥里软。

2. 器具及设备

电子秤、烤箱、烤盘、手持打蛋器、料理机、面筛、硅胶刮刀、裱花袋。

3. 原料

原料	用量	原料	用量
马卡龙材料		咖啡干酪馅材料	
杏仁粉	110g	奶油干酪	120g
糖粉	200g	咖啡浓缩液	7g
蛋白	100g	淡奶油	10g
砂糖	70g	糖粉	25g
色粉	适量	提拉米苏馅材料	
甘纳许材料		速溶咖啡	5g
黑巧克力	50g	淡奶油	50g
淡奶油	25g	马斯卡彭干酪	100g
		黄油	70g
		砂糖	10g

4. 制作步骤

（1）甘纳许的制作：

①淡奶油加热至微沸，加入切碎的巧克力，搅拌至顺滑。

②放冰箱冷藏1h后，用打蛋器中速搅打3min。

③装入裱花袋，挤在马卡龙上，入冰箱冷藏。

（2）咖啡干酪馅制作：

①奶油干酪室温软化后加入糖粉搅拌至顺滑、无颗粒。

②加入咖啡浓缩液搅拌均匀。

③最后加入淡奶油拌匀，备用。

（3）提拉米苏馅制作：

①淡奶油和速溶咖啡加热搅拌均匀。

②离火后加入马斯卡彭干酪融化并搅拌均匀。

③最后加入黄油和砂糖一起打发，备用。

（4）马卡龙制作：

①把糖粉和杏仁粉用料理机打碎，过筛搅拌拌匀。

②将蛋清打发至起泡后加入砂糖，打发至干性发泡，浓稠有光泽。

③打发的蛋清跟杏仁粉混合物翻拌均匀。

④用刮刀以翻拌的方式拌均匀，直到呈飘带状落下。

⑤将面糊装入裱花袋，在烤盘上均匀整齐地挤成3.5cm的圆形，相互间隔2cm，全部挤完后将烤盘磕几下震出气泡。

⑥晾皮50min，用指尖轻轻一按，不粘手、不变形、轻按能回弹，放入烤箱。

⑦烤箱温度160℃，烘烤15min，表面光滑、裙边外翻即可。

⑧冷却后，挤上喜爱的夹心，马卡龙大功告成。

5. 注意事项

（1）面糊中蛋白消泡、杏仁粉受潮等原因导致湿度偏大，会使马卡龙烘烤后表面塌陷、空心。

（2）低温烘烤，温度不够，会出现表面褶皱、不平整。

（3）晾皮不够，会导致马卡龙在烘烤时裂开。

（4）杏仁粉、糖粉不够细，会使马卡龙表面粗糙，所以需要料理机打磨后过筛。

（5）烘烤温度过高或烘烤时间不够，马卡龙的颜色会不均匀。

（6）马卡龙调色用色粉或色胶，不要用液态色素，以免加大面糊湿度不易成功。

（7）马卡龙要晾到顶部形成稳定的小软壳后再烘烤，不然会出现"爆头"的情况，但是也不能超过1h，不然裙边会歪。

（8）马卡龙夹馅放冰箱冷藏回潮，在24h以后达到外脆里软的口感，冷冻密封可以保存3个月。

二十二、可露丽

1. 品种介绍

外形小巧可爱的可露丽看起来像倒扣的铃铛，因此又称为"天使之铃"。这是一道低调又经典的法式甜点，它的外表轻巧可爱，内里膨松湿润呈精致的蜂窝状孔洞，外层焦糖般香脆，里层嫩滑如布丁，兼具焦糖的甜、酒香和香草香，无论在口感层次变化还是味觉体验上都堪称一绝，如此截然不同的口感同时出现在这个其貌不扬的西点上，让人啧啧称奇。

2. 器具及设备

电子秤、烤箱、不锈钢盆、面筛、奶锅、手持打蛋器、可露丽模具。

3. 原料

原料	用量	原料	用量
面粉	100g	糖粉	200g
牛奶	500g	朗姆酒	10g
香草荚	1条	黄油	50g
鸡蛋	2个	黄油（涂抹模具）	10g
蛋黄	2个		

4. 制作步骤

（1）香草荚切开，刮出籽，把香草籽和香草荚都放进牛奶里，加热到沸腾离火，让香草的香味融于牛奶中。

（2）香草牛奶完全冷却后，放入冰箱冷藏12h。

（3）鸡蛋和蛋黄加入糖粉一起搅拌均匀，加入过筛的面粉拌匀，加入融化的黄油和朗姆酒搅拌均匀。

（4）冷藏的香草牛奶慢慢倒入面糊里，边倒边搅拌均匀，过滤后用保鲜膜包裹，放入冰箱冷藏24h。

（5）将可露丽模具放进烤箱里加热，取出后趁热在模具中抹上黄油，让黄油均匀粘满整个内壁，将模具倒扣在烤架上，让多余的黄油流淌下来。

（6）把冷藏的面糊倒入模具，八分满，放入烤箱。

（7）烤箱温度170℃，烤制60min，再升温至190℃，烤制20min。

（8）烤好之后迅速脱模，放在烤架上散热、晾凉。

5．注意事项

（1）新买回来的铜模，洗干净擦干水分，抹上黄油，静置24h以后再用。

（2）每次使用后的铜模，需要清洗干净晾干后存放。

（3）没有香草荚可以用香草精代替。

（4）面糊装入模具八分满即可。

（5）可露丽模具分为铜模和铁模，使用过程中不要把两种模具放在一起烘烤。

（6）烤30min后，看到面糊外层基本定型，膨胀高出模具时，需取出模具降温，轻磕使面糊回缩后继续烘烤，让高出的部分沉下去，这是让可露丽顶部上色的关键，否则顶部就会出现"白头翁"现象。

二十三、美式大曲奇

1．品种介绍

巧克力曲奇代表着"初恋的回忆"，初恋是充满甜与苦的，甜蜜中有一点点的苦味，而苦味过后，会有更多的甜腻，虽然过程中有微微的苦味，但每当回味，总会令你扬起甜蜜的笑容。

2．器具及设备

电子秤、烤箱、烤盘、手持打蛋器、不锈钢盆、面筛、硅胶刮刀。

3. 原料

原料	用量	原料	用量
面粉	400g	泡打粉	4g
黄油	200g	可可粉	15g
红糖	100g	巧克力	100g
砂糖	60g	耐热巧克力豆	250g
鸡蛋	2个	海盐	2g
杏仁粉	40g		

4. 制作步骤

（1）黄油、红糖、砂糖和海盐用打蛋器打至砂糖溶化，黄油微微膨松、细腻、无颗粒。

（2）将鸡蛋分两次加入打发的黄油中，搅打至蛋液完全吸收，加入过筛的面粉、可可粉、泡打粉和杏仁粉搅拌均匀。

（3）巧克力切碎与耐热巧克力豆一起放入面团中混合均匀。

（4）将面团分成每个25g的小面团，揉圆、压扁成直径5cm的圆饼，相互间隔4cm，均匀摆放在烤盘中，放入烤箱。

（5）烤箱温度170℃，烘烤18min出炉。

5. 注意事项

（1）鸡蛋存放在冰箱中需提前取出回温，鸡蛋温度过低可能会造成油水分离，影响口感。

（2）黑巧克力豆选取可可含量85%的最佳，选用耐热巧克力豆。

（3）黄油需要提前在室温下软化，方便搅拌。

第三节
面包类

一、软餐包

1. 品种介绍

　　软餐包是一款常见的面包，松松软软、小巧玲珑、味道香甜，不止外形漂亮，还可以包入各种不同的馅心，体现各种不同的味道。软餐包体积不大，方便携带。这款面包口感绝佳，面香、奶香、芝麻香，清香四溢，令人回味无穷。

2. 器具及设备

　　电子秤、烤箱、烤盘、醒发箱、搅面机、毛刷。

3. 原料

原料	用量	原料	用量
面包粉	1000g	奶粉	60g
砂糖	120g	鸡蛋	3个
酵母	18g	黄油	100g
盐	5g	水	500g
改良剂	10g	黑芝麻	30g

4. 制作步骤

　　（1）将面粉、砂糖、酵母、改良剂和奶粉倒入搅面机，打入鸡蛋，倒入水搅拌，等抱团后加入盐中速搅至基本成形，加入黄油，搅至黄油与面团完全融合。快速搅拌面团成团起筋，撕拉不易断即可拿出。

（2）面团整圆后放于温度28℃的醒发箱内进行第一次发酵，醒发到面团体积两倍大，手戳下去不反弹、不塌陷。

（3）面团排气后分成30g/个的小面团，搓圆，面团相互间距8cm，整齐地摆在烤盘上，放入醒发箱进行二次发酵。

（4）发酵至体积两倍大时刷上蛋液并撒上黑芝麻，放入烤箱。

（5）烤箱温度190℃，烘烤18min出炉。

5. 注意事项

（1）每种面包粉吸水量不同，水量酌情增减。

（2）如果喜欢夹心的，可以在第一次发酵后，在面团里包上任意馅心即可。

（3）面包颜色烘烤至金黄后，表面盖锡纸以免继续烘烤导致颜色过深。

（4）烤好的面包不需冷藏，冷藏会加速面包中淀粉的老化，使面包干硬、粗糙、口感差。

（5）刚出炉的面包，放在冷却架子上完全冷却后，放进大号保鲜袋。将袋口扎起来，放在温室下可保存2~3d。

二、司康饼

1. 品种介绍

司康饼是英式面包的一种，位居英国人最引以为豪的十大甜食之首，是西方国家的代表点心之一。传统的司康饼是切成三角形的，以燕麦为主要材料，而流传到现在，面粉、淡奶油成了主要材料，以烤箱烘烤，形状也不再是一成不变的三角形，可以做成圆形、方形或是菱形等各式形状。其颜色金黄、口感醇香、松软细润、营养丰富。一口司康饼，一口英式茶，在阳光灿烂的午后，味蕾得到极大的满足。

2. 器具及设备

电子秤、烤箱、冰箱、烤盘、不锈钢盆、硅胶刮刀、搅面机、毛刷。

3．原料

原料	用量	原料	用量
面包粉	240g	黄油	60g
砂糖	40g	淡奶油	120g
蛋黄	3个	蔓越莓	60g
泡打粉	5g		

4．制作步骤

（1）面粉、砂糖、泡打粉、黄油和蛋黄放入搅面机，加入淡奶油搅拌至面团光滑。

（2）加入切碎的蔓越莓叠拌均匀。

（3）面团擀至2cm的厚度，用保鲜膜包裹，放入冰箱冷冻12h。

（4）冷冻完成后，在室温下软化30min后用模具扣出，面团间隔2cm，整齐地摆放在烤盘上，刷上蛋黄，松弛10min，放入烤箱。

（5）烤箱温度170℃，烤制25min出炉。

5．注意事项

（1）切忌面团揉太久，由于面粉的吸水量不同可以适当增减牛奶的用量。

（2）调好的面团用保鲜膜包裹冷冻12h。

（3）用叠拌的手法把蔓越莓与面团充分揉匀。

（4）用模具扣压可以避免过度揉压，口感更膨松。

三、墨西哥面包

1．品种介绍

软糯的内芯与酥香的表皮交融在一起形成了极其诱人的墨西哥面包，面包出炉时散发出的奶香味更是令人魂牵梦萦。

2．器具及设备

电子秤、烤箱、烤盘、醒发箱、打蛋器、搅面机、裱花袋。

3．原料

原料	用量	原料	用量
墨西哥酱材料		鸡蛋	1个
黄油	90g	砂糖	40g
砂糖	90g	盐	2g
鸡蛋	90g	黄油	30g
低筋粉	90g	淡奶油	30g
面包材料		牛奶	120g
面包粉	300g	酵母	4g

4．制作步骤

（1）墨西哥酱的制作：将黄油、砂糖隔水加热，加入鸡蛋搅拌均匀，加入过筛后的面粉搅拌成光滑细腻半流动的液体，装入裱花袋备用。

（2）面包的制作：

①将面团配料中除黄油和盐以外所有原料放入搅面机中，先低速搅拌，等抱团后加入盐，中速搅至基本成形，加入黄油，搅至黄油与面团完全融合并出现较薄的膜即可。

②将面团整形后用保鲜膜包裹，室温醒发30min。

③取出面团排气后，分割成每个30g的小面团，将每一个小面团揉搓均匀、表面光滑，相互间距5cm，排列整齐放在烤盘中，放入醒发箱醒发。

④面团发至两倍大后，将装入裱花袋的墨西哥酱从顶部开始以绕圈的方式均匀挤在面包上，放入烤箱。

⑤烤箱温度190℃，烤制20min出炉。

5．注意事项

（1）制作完成的墨西哥酱不需要冷藏，放置室温备用即可，黄油会使酱慢慢变稠。

（2）面包的墨西哥酱可以多挤一些，这样酥皮可以包裹整个面包。

（3）不同季节，根据面粉吸水量的不同，可以对牛奶用量进行适当调整。

四、原味吐司

1. 品种介绍

吐司，粤语称为多士，实际上就是长方形带盖或者不带盖的烤听制作的听形面包。用带盖烤听烤出的面包经切片后呈正方形，夹入火腿或蔬菜后即为三明治。吐司是西式面包的一种，在欧美式早餐中常见，现在国内也越来越普及，吐司有方便快捷、日常百搭等特点。

2. 器具及设备

电子秤、搅面机、烤箱、醒发箱、450g吐司模具、擀面杖。

3. 原料

原料	用量	原料	用量
面包粉	1000g	砂糖	90g
盐	5g	水	550g
酵母	15g	黄油	120g
改良剂	9g	鸡蛋	1个

4. 制作步骤

（1）将面包粉、酵母、改良剂、鸡蛋和砂糖倒入搅面机，加入水，先低速搅拌，等抱团后加入盐，中速搅至基本成形，加入黄油，搅至黄油与面团完全融合并出现较薄的膜即可。

（2）搅好的面团分成每个450g的面团，每个450g面团再平均分成3个等重的小面团。

（3）每个小面团擀平卷起，再擀平，卷起，卷好的面团放入模具中，醒发至模具九分满盖上盖子，放入烤箱。

（4）烤箱温度180℃，烘烤55min出炉，脱模冷却后切片。

5．注意事项

（1）在称料时避免盐与酵母直接接触，防止酵母失去活性。

（2）醒发时模具盖子盖1/2，烘烤时盖子需全部盖上。

（3）不同季节，不同品牌的面粉的吸水量不同，适当调节水的用量。

（4）烘烤结束后趁热脱模，放置在通风干燥处冷却，防止吐司回潮回缩。

五、全麦吐司

1．品种介绍

全麦吐司是指用没有去掉外面麦麸和麦胚的全麦面粉制作的面包，它的特点是颜色微褐，肉眼能看到麦麸的小粒。全麦吐司富含微量元素、维生素E、矿物质和纤维素。麦香浓郁，好吃又健康。

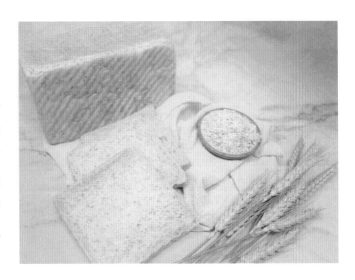

2．器具及设备

电子秤、烤箱、醒发箱、搅面机、450g吐司模具、擀面杖。

3．原料

原料	用量	原料	用量
面包粉	800g	砂糖	28g
全麦粉	200g	水	611g
盐	10g	黄油	45g
酵母	25g		

4．制作步骤

（1）将面包粉、全麦粉、酵母、砂糖倒入搅面机，加入水，开始搅拌，搅拌至基本成团后加入盐，中速搅拌，加入黄油，快速搅拌至面团和黄油充分融合且面团起筋，撕拉不易断形成一层薄膜即可取出。

（2）搅好的面团分成每个450g的面团，每个面团再平均分成3个等重的小面团。

（3）将小面团擀平卷起，再擀平，卷起。擀好的面团放入模具中，醒发至模具九分满，盖上盖子，放入烤箱。

（4）烤箱温度190℃，烘烤55min出炉，脱模冷却。

5. 注意事项

（1）在称料时避免盐与酵母直接接触，防止酵母失去活性。

（2）夏天温度较高时可换成冰水。

（3）判断面团是否成膜，用手慢慢抻开，能抻成比较薄、半透明状的薄膜，即可进行下一步。

（4）如果全部用全麦面粉制作面包，口感不是所有人都能接受的，因为麦麸会切断面筋结构，加上全麦粉本身筋性不足，做出来的面包不仅筋性较差，而且口感粗糙。所以要加入一些精细的高筋面粉来改善全麦面包的口感。

（5）不同的面粉吸水性不同，尤其是全麦面粉用量的不同，配方里的水量也可能有较大的差别。要根据面团的柔软程度，调节配方里水的用量。

（6）擀面时，先用擀面杖擀成椭圆形，从上到下卷成牛舌状，面团收边在下，纵向摆放，稍按扁用擀面杖擀成长条，自上而下卷成卷入模具里发酵。

六、红豆吐司

1. 品种介绍

在原味吐司的基础上加入蜜豆，松软的吐司之中包含着香甜的蜜豆，蜜豆本身的甜味被吐司所中和，无疑是一种味觉的享受。

2. 器具及设备

电子秤、搅面机、醒发箱、烤箱、擀面杖、450g吐司模具。

3. 原料

原料	用量	原料	用量
面包粉	1000g	水	500g
盐	5g	黄油	100g
酵母	15g	蜜豆	200g
改良剂	10g	鸡蛋	1个
砂糖	100g		

4. 制作步骤

（1）将面包粉、酵母、改良剂和砂糖倒入搅面机，加入水，搅拌至基本成团后加入盐，中速搅拌，最后加入黄油，快速搅拌至面团和黄油充分融合且面团起筋，撕拉不易断，形成一层薄膜即可取出。

（2）将搅好的面团分成每个400g的面团，每个400g面团再平均分成3个等重面团。每个小面团擀平后包入25g蜜豆，卷起、擀平、再卷成团。

（3）卷好的3个面团放入模具中，进入醒发箱，醒发至模具的九分满，盖上盖子，进入烤箱。

（4）烤箱温度200℃，烘烤50min出炉，脱模冷却。

5. 注意事项

（1）在称原料时避免盐与酵母直接接触，防止酵母失去活性。

（2）醒发时模具盖子盖1/2，烘烤时模具盖子需全部盖上。

（3）蜜豆尽可能全部包进面包里，避免蜜豆与模具直接接触，以免蜜豆烘烤过度而变硬。

（4）烘烤结束后趁热脱模，放置在通风干燥处冷却，防止吐司回潮回缩。

（5）不同季节，不同品牌的面粉吸水量不同，可适当调节水的含量。

七、酸奶吐司

1. 品种介绍

酸奶是很多人喜爱的一种食品，由纯牛奶发酵而成，除了保留牛奶的营养价值以外，在发酵过程中还产生了人体所需的多种维生素，经过发酵后比牛奶的口味更好、营养更丰富。酸奶吐司与普通吐司相比，口感更绵软、组织更细腻，营养也更加丰富，老少皆宜。

2．器具及设备

电子秤、搅面机、烤箱、醒发箱、擀面杖、450g吐司模具。

3．原料

原料	用量	原料	用量
面包粉	1000g	奶粉	60g
鸡蛋	2个	水	80g
砂糖	100g	黄油	100g
盐	4g	酵母	12g
酸奶	440g		

4．制作步骤

（1）将面团配料中除黄油和盐以外所有原料放入搅面机中，先低速搅拌，等抱团后加入盐，中速搅至基本成形，加入黄油，然后高速搅打出均匀有弹性的面团即可。

（2）面团用保鲜膜包裹发酵至体积两倍大，按压排气。

（3）将松弛好的面团排气后分割成每个450g的小面团，然后平分三等份，搓圆。每个小面团擀成长椭圆形，卷起来，再擀成牛舌状卷起。

（4）卷起后放入吐司模具，发酵到九分满后盖上盖子，放入烤箱。

（5）烤箱温度190℃，烤制40min出炉，脱模冷却。

5．注意事项

（1）不同季节，面粉的吸水量有差别，可适当调节水的含量。

（2）操作时要给面团充足的松弛时间，擀开的时候如果回缩说明松弛不到位，需要继续松弛。

（3）最好使用浓稠型酸奶。

八、椰香烧果子面包

1. 品种介绍

椰香烧果子是面包的一种，主料为面粉、砂糖、椰蓉等，色泽鲜黄，口感香甜，细腻柔软。

2. 器具及设备

电子秤、搅面机、醒发箱、擀面杖、打蛋机、裱花袋、烤箱、烤盘。

3. 原料

原料	用量	原料	用量
面团材料		黄油	100g
面包粉	1000g	水	450g
砂糖	100g	椰丝酱材料	
酵母	12g	鸡蛋	2个
盐	6g	砂糖	117g
改良剂	10g	玉米油	267g
奶粉	70g	椰蓉	125g
鸡蛋	3个	葡萄干（表面装饰）	20g

4. 制作步骤

（1）面包粉、砂糖、改良剂和奶粉，加入鸡蛋和水先低速搅拌，等抱团后加入盐中速搅至基本成形，加入黄油，然后高速搅打至均匀有弹性，撕拉不易断，能形成一层薄膜即可拿出。

（2）取出面团排气，称重，每个面团30g，搓圆，放入烤盘，用保鲜膜包裹冷藏12h。

（3）拿出面团，室温软化30min，每个面团排气、擀平、卷起，搓成20cm的长条，3个面团编成一股麻花辫，整齐地摆在烤盘上，面团相互间距6cm，放入醒发箱醒发至体积两倍大。

（4）椰丝酱制作：鸡蛋和砂糖打发，再缓缓加入油，边加油边搅拌，最后加椰丝拌匀，呈半流体状即可，装入裱花袋备用。

（5）醒发好的面包拿出，横向挤上椰丝酱，撒上葡萄干，放入烤箱。

（6）烤箱温度190℃，烘烤18min出炉。

5．注意事项

（1）面包轻轻按下可以回弹，表示醒发完成。

（2）不同季节，面粉的吸水量不同，可适当调节水的用量。

（3）烤制时上色后可盖上锡纸，避免颜色过深。

九、奶昔面包

1．品种介绍

面包加奶昔，松软香甜、膨松细腻。那种软糯醇香的滋味，一口咬到纯纯奶香，柔软包裹着浓醇，面包也告别了单调。美味的酱料，赋予了这款面包口味的层次感，好吃到停不下来。

2．器具及设备

电子秤、搅面机、醒发箱、擀面杖、打蛋机、裱花袋、齿刀、锅。

3. 原料

原料	用量	原料	用量
墨西哥酱材料		淀粉	8g
黄油	100g	面粉	8g
鸡蛋	2个	砂糖	40g
糖粉	85g	面团材料	
面粉	90g	面包粉	500g
奶昔酱材料		砂糖	50g
黄油	167g	酵母	8g
炼乳	54g	鸡蛋	1个
淡奶油	167g	黄油	50g
砂糖	30g	水	250g
吉士酱材料		改良剂	10g
牛奶	200g	奶粉	30g
蛋黄	3个	葡萄干（表面装饰）	20g

4. 制作步骤

（1）吉士酱制作：牛奶和砂糖放锅中小火加热，待糖化开即可。加入蛋黄搅拌，再加入过筛的淀粉和面粉小火煮开，快速搅拌，等搅成浓稠液体即可离火，隔冰块快速降温，冷却。

（2）奶昔酱制作：淡奶油和砂糖打发，加入黄油和炼乳拌匀，最后加入冷却的吉士酱搅拌均匀。

（3）墨西哥酱制作：黄油室温软化，加入糖粉搅匀打发，分3次加入鸡蛋搅匀，最后加入面粉拌匀。

（4）面团调制：

①将面粉、砂糖、酵母、改良剂和奶粉倒入搅面机，打入鸡蛋，倒入水，搅拌成团后加入黄油。面团和黄油融合在一起快速搅拌至面团成团起筋，撕拉不易断，能形成一层薄膜即可拿出。

②取出面团排气、称重、搓圆，每个面团60g，放入烤盘中，用保鲜膜包裹放入冰箱冷藏12h后拿出。常温软化30min，面团排气、揉圆，面团相互间隔4cm，摆放整齐放入烤盘中。

③放入醒发箱，面团醒发至体积两倍大，表面挤上墨西哥酱，放入烤箱。

④烤箱温度190℃，烘烤20min出炉，凉后横竖各切两刀，挤上奶昔酱，放上葡萄干，撒上糖粉即可。

5. 注意事项

（1）出炉后的面包放凉后再切口挤奶昔酱。

（2）放凉的面包切四刀（左手轻扶面包不下压，右手持刀平行拉伸向下移），切好如成品图所示，切到2/3处，挤进奶昔酱即可。可装饰些蔓越莓干或葡萄干，表面撒上防潮糖粉。

（3）奶昔酱不要太浓稠，否则没有流动性，奶昔酱冷藏2d内用完。

（4）墨西哥酱如果太稠太干或者烘烤时间过长，都会影响到最后面包切口的效果。

（5）喜欢吃抹茶或者摩卡等口味的，过筛15g左右的抹茶粉或摩卡粉，与打发的淡奶油混合即可。

十、抹茶蜜豆牛奶吐司

1. 品种介绍

人们喜爱那种淡淡的抹茶味，有茶香而不涩，而抹茶怎么能少得了蜜豆的加入，双色碰撞，实现视觉与味觉的大满足。鲜嫩的绿色和奶白色，夹杂着红色的小蜜豆，有一种陷入童话般的美好。带着这份亲手制成的甜蜜，走入烂漫春日。

2. 器具及设备

电子秤、烤箱、搅面机、醒发箱、450g吐司模具、擀面杖。

3. 原料

原料	用量	原料	用量
面包粉	1000g	鸡蛋	2个
奶粉	60g	牛奶	520g
砂糖	120g	黄油	100g
盐	6g	抹茶粉	16g
酵母	12g	红豆	200g

4．制作步骤

（1）将面粉、砂糖、牛奶、鸡蛋、砂糖和奶粉放入搅面机，搅拌成絮状后加入盐，搅拌成团后加入黄油，快速搅拌至面团起筋，撕拉不易断，能形成一层薄膜即可取出。

（2）取出面团，将面团分出1/2加入抹茶粉揉匀。用保鲜膜包裹松弛30min。

（3）取出面团称重、排气、搓圆，每个面团200g，松弛15min。

（4）蜜红豆做法：红豆浸泡12h后，放高压锅加水没过红豆4cm，大火烧开后转中小火煮20min。煮好的红豆要剩少量汁，加适量白砂糖煮至糖化开，收汁，放凉后冷藏备用。

（5）取出一个原色面团和一个抹茶色面团，擀平，原色面团擀至大于抹茶面团的面积，将抹茶面团叠在原色面团上，放入60g蜜红豆，卷起，整形至长条状，放入吐司模具。

（6）放入醒发箱，醒发至模具九分满，盖上盖子放入烤箱。

（7）烤箱温度200℃，烘烤40min出炉，脱模冷却。

5．注意事项

（1）面团在搅面机里一定要搅打至可以拉出大片薄膜。

（2）面团卷起要卷紧，烤出来的成品才不会出现大的孔洞。

（3）发酵到吐司模具的九分满即可烘烤。

（4）擀面时，先用擀面杖擀成椭圆形，从上到下卷成牛舌状，面团收边在下，纵向摆放，稍按扁用擀面杖擀成长条，自上而下卷成卷，长度不要长于吐司模具。

（5）由于季节和面粉的吸水量不同，适当增减牛奶的用量。

十一、黑钻吐司

1．品种介绍

有人喜欢蛋糕的清甜绵润，有人爱着吐司的拉丝口感，有没有一款点心能够满足两种人的喜好？它就是黑钻吐司。当醇厚的巧克力蛋糕包裹上奶香浓郁的绵绵吐司，中间可以再加些绵密的蜜豆，这看似戏谑的组合，一口下去，多重滋味齐享受，让人意犹未尽。

2．器具及设备

电子秤、搅面机、打蛋机、醒发箱、烤箱、450g吐司模具、擀面杖。

3．原料

原料	用量	原料	用量
吐司材料		蛋糕材料	
面包粉	500g	鸡蛋	5个
牛奶	250g	砂糖	60g
鸡蛋	1个	面粉	50g
砂糖	60g	可可粉	15g
奶粉	40g	牛奶	20g
酵母	8g	黄油	20g
黄油	40g		
盐	3g		
蜜豆	50g		

4．制作步骤

（1）吐司制作：

①面团配料中除黄油和盐以外所有原料放入搅面机中，先低速搅拌，等抱团后加入盐，中速搅至基本成形，加入黄油，然后高速搅打出均匀有弹性的面团，撕拉不易断，能形成一层薄膜即可。

②面团用保鲜膜包裹发酵至原体积的两倍大，按压排气。

③将松弛好的面团排气后分割成每个350g的面团，搓圆，用保鲜膜包裹松弛15min。擀成与吐司模具长度一致的长方形面片，涂一层可可粉，加入蜜豆，卷起放入吐司模具。

④放入醒发箱，发酵到模具八分满。

（2）蛋糕制作：

①将蛋清和蛋黄分离，蛋清分3次加入砂糖，打至干性发泡。

②牛奶和黄油隔水融化，然后加入过筛的可可粉和面粉搅拌成细腻有光泽的可可糊，加入蛋黄拌匀。

③取1/3蛋清与蛋黄可可糊混合均匀，再倒入蛋清中彻底拌匀。

④将制作好的蛋糕糊倒在醒发好的吐司上，在桌子上轻震模具，以便震掉气泡。

⑤烤箱温度180℃，烤制40min。烤制15min后蛋糕表面凝结时，用刀在蛋糕顶划口，继续烘烤25min。烤制完成后出炉，脱模放凉。

5. 注意事项

（1）吐司醒发至八分满即可倒蛋糕糊。

（2）制作蛋糕时牛奶要与黄油充分乳化，再加入可可粉，要注意黄油温度不要太高。

（3）擀制面团时可以卷入蜜豆或者耐热巧克力豆，增加口感。

（4）根据烘烤情况盖上锡纸防止表面焦煳。

十二、蜜豆小金砖

1. 品种介绍

美味的蜜豆小金砖是一款有着高颜值的面包，带着黄油和蜜豆的香甜，小金砖起酥起层、口感酥软、层次分明、奶香味浓、质地松软，令人一品难忘、百吃不腻。

2. 器具及设备

电子秤、搅面机、醒发箱、烤箱、250g吐司模具、毛刷、擀面杖。

3. 原料

原料	用量	原料	用量
面团材料		裹入部分材料	
面包粉	700g	片状黄油	290g
酵母	10g	蜜豆	80g
砂糖	100g	表面装饰材料	
盐	6g	杏仁片	20g
奶粉	30g	蛋液	20g
鸡蛋	30g		
水	2个		
黄油	60g		

4. 制作步骤

（1）将面团配料中除黄油和盐以外所有原料放入搅面机中，先低速搅拌，等抱团后加入盐，中速搅至基本成形，加入黄油，高速搅打出均匀有弹性的面团即可。

（2）将面团用保鲜膜包裹，放入冰箱冷冻20min。

（3）冷冻好的面团取出，擀为片状黄油两倍大小的方形，包裹黄油，擀三叠三，最后将其擀成1cm厚的薄片，切成2cm宽的长条。

（4）每份面团250g，分别压扁，每条与每条稍重叠，包入蜜豆，稍稍按压，卷成筒状，放入模具。

（5）放入醒发箱，醒发至模具九分满，表面刷蛋液，撒杏仁片，放入烤箱。

（6）烤箱温度210℃，烤制8min后，转170℃烤制18min出炉，脱模冷却。

5. 注意事项

（1）整形时不要过紧，以免影响发酵。

（2）烤制时可以加盖锡纸以保证面包上色不会太深。

（3）烘烤结束后趁热脱模，放置在通风干燥处冷却。

（4）不同季节，面粉的吸水量不同，可适当调节牛奶的用量。

（5）搅面时提高挡位搅至面团呈拓展状态，形成筋性，能形成薄膜即可。

（6）每擀制一次需要冷冻5min，再擀制第二次。

（7）醒发温度控制在30℃以下，温度过高黄油会从面团渗出。

（8）选用SN2183水立方吐司模具。

十三、马达加斯加香草奶酥吐司

1. 品种介绍

这款吐司的独特之处在于加入奶酥的同时加入了来自马达加斯加的优质香草荚，使面包香气逼人，闻者食欲大开，是作为早茶和下午茶的不二之选，浓浓的奶香配上奶酥软糯的口感，吃上一口便让人欲罢不能。

2. 器具及设备

电子秤、搅面机、烤箱、醒发箱、打蛋机、硅胶刮刀、250g吐司模具。

3. 原料

原料	用量	原料	用量
面团材料		奶酥材料	
面包粉	500g	黄油	90g
奶粉	30g	糖粉	60g
酵母	6g	鸡蛋	1个
盐	4g	奶粉	130g
砂糖	60g	酥粒材料	
牛奶	260g	黄油	40g
鸡蛋	1个	糖粉	20g
黄油	50g	面粉	90g
马达加斯加香草荚	1根		

4. 制作步骤

（1）奶酥、酥粒的制作：

①将黄油和糖粉打发，加入鸡蛋和奶粉搅至细腻无颗粒状，奶酥完成。

②黄油、糖粉搅打均匀后加入过筛的面粉，混合均匀成颗粒状，酥粒完成。

（2）面团的制作：

①先将香草荚切开去籽，放入牛奶中烧开，放凉后过滤备用。

②将除黄油和盐外所有面团材料一起放入搅面机中，面团基本成形后放入盐，加入黄油后快速搅拌至完全扩展的状态，可以扯出手套膜即可。

③搅好的面团分成小面团，每个200g，搓圆，用保鲜膜包裹松弛10min。

④将松弛好的面团擀成长28cm、宽15cm的长方形面片，取85g的奶酥均匀地涂抹在表面卷起。

⑤将面片卷起后用小刀将面柱竖着一分为二，顶头不要切断。

⑥将两股面团以拧麻花手法编成辫子后放入模具中，醒发至模具九分满。

⑦面包表面刷蛋液，撒酥粒，放入烤箱。

⑧烤箱温度180℃，烘烤28min出炉，脱模冷却。

5. 注意事项

（1）制作奶酥及酥粒时黄油需提前在室温下软化，方便搅拌。

（2）切面柱时注意尽可能居中切透，以便更好地整形。

（3）烤制时依照上色情况适当加盖锡纸，避免上色过度。

（4）由于季节和面粉的吸水量不同，适当增减牛奶的用量。

十四、椰蓉吐司

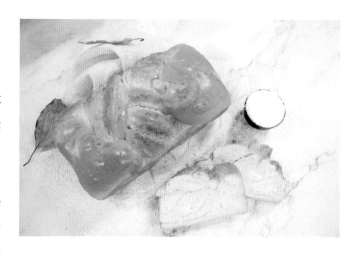

1. 品种介绍

吐司作为一款非常受大众喜欢的面包，有着非常多的做法和口味。之所以比较受欢迎，除了方便及多元化之外，主要是它口感细腻。这款椰蓉吐司是由牛奶和面，加入了椰蓉馅料，浓浓的奶香和椰香，使得吐司更加香醇，松软可口，非常适合作为下午茶点心，配上一杯咖啡，享受美好的时光。

2. 器具及设备

电子秤、搅面机、醒发箱、烤箱、450g吐司模具、不锈钢盆、毛刷。

3. 原料

原料	用量	原料	用量
面团材料		椰蓉馅材料	
面包粉	1000g	鸡蛋	2个
牛奶	480g	砂糖	80g
酵母	16g	椰蓉	500g
鸡蛋	4个	黄油	150g
砂糖	100g	奶粉	50g
黄油	100g		
盐	6g		
杏仁片	10g		

4．制作步骤

（1）椰蓉馅制作：黄油室温软化，加入砂糖搅拌至细腻无颗粒，加入鸡蛋、奶粉和椰蓉，搅拌均匀备用。

（2）面团制作：

①将面团配料中除黄油和盐以外所有原料放入搅面机中，先低速搅拌，等抱团后加入盐，中速搅至基本成形，加入黄油，高速搅打出均匀有弹性的面团即可。

②面团用保鲜膜包裹发酵至两倍大，按压排气。

③将松弛好的面团排气后分割成小面团，每个360g，再平分三等份，搓圆，松弛20min后将每个小面团擀成长椭圆形。

（3）面包制作：

①将椭圆形的面团，每个抹上30g椰蓉馅，卷起，用切刀切两刀，顶头不切断，两股扭起，切口向上，依次做好3个面团放入模具。

②放入醒发箱，醒发至模具九分满，表面刷蛋液，撒杏仁片，放入烤箱。

③烤箱温度180℃，烤制40min出炉，脱模冷却。

5．注意事项

（1）整形时不要过紧，以免影响发酵。

（2）烤制时可以加盖锡纸以保证面包上色不会太深。

（3）出炉后要马上脱模。

（4）不同季节，面粉的吸水量不同，可适当调节牛奶的用量。

十五、日式生吐司

1．品种介绍

日式生吐司的"生"与生巧克力的"生"有异曲同工之妙，"生"就是新鲜的意思，追求入口即化的口感，撕开一片，袅袅的热气中飘荡着几缕麦香。放入口中，舌头仿佛被温柔的棉被包

裹，细细咀嚼，湿润又软弹，夹杂着柔和甘美的蜂蜜香气与醇厚的黄油香，回味之中，又有淡奶油的清甜，比普通吐司更柔软、更醇香。虽然看似普通，但用料绝对讲究。面粉一定选用日式吐司粉，才会做出组织细腻、入口绵软、成品软弹的完美吐司。

2. 器具及设备

电子秤、烤箱、搅面机、醒发箱、擀面杖、250g吐司模具。

3. 原料

原料	用量	原料	用量
日式吐司粉	500g	盐	5g
淡奶油	100g	酵母	6g
牛奶	150g	蜂蜜	60g
砂糖	50g	黄油	50g

4. 制作步骤

（1）除黄油和盐以外，其他材料加入搅面机混合均匀，搅到面团成团。

（2）面团抱团后加入盐，中速搅至基本成形，加入黄油，高速搅打出均匀有弹性的面团即可。

（3）面团用保鲜膜包裹，放入醒发箱发酵至两倍大。

（4）发酵完成后，每个面团250g，分成若干份，再平均分成两个小面团，排气、整形、搓圆，松弛15min，然后擀成牛舌状，卷起，两个一起放入模具。

（5）二次发酵，35℃发酵1h，发酵至模具的九分满，盖上盖子，放入烤箱。

（6）烤箱温度210℃，烤制38min，出炉，脱模冷却。

5. 注意事项

（1）根据季节、面粉品牌的吸水量不同，对牛奶量进行适当调整。

（2）避免发酵过度，出炉后震出热气再冷却。

（3）烘烤后，四个角呈圆弧形为佳。

（4）不要以发酵的时间来判断发酵是否完成，要以发酵状态来判断。

（5）选用SN2183水立方吐司模具。

十六、盐可颂

1. 品种介绍

吃一口即让人沦陷的盐可颂，表皮酥香、内里松软，奶香味十足，卷入了咸味黄油后，内部组织更松软有韧劲，让人无法拒绝，这款面包一定能俘获你的味蕾。

2. 器具及设备

电子秤、搅面机、醒发箱、烤箱、烤盘、擀面杖。

3. 原料

原料	用量	原料	用量
面包粉	500g	黄油	60g
水	250g	砂糖	70g
鸡蛋	1个	海盐	15g
酵母	4g	鸡蛋	1个
奶粉	30g	咸味黄油（裹入用）	100g

4. 制作步骤

（1）将除黄油和海盐外所有材料放入搅面机，慢速搅拌成团，换中速搅至面团光滑后加海盐，最后加入黄油，快速搅拌至能拉薄膜，用保鲜膜包裹面团，室温松弛40min。

（2）将松弛好的面团分割成每个50g的小面团，搓圆，松弛20min，再搓成水滴状。

（3）水滴状态的面团用保鲜膜包裹，常温松弛10min，再放入冰箱冷冻10min。

（4）将冷冻好的面团取出，擀成底边6cm、腰长15cm的等腰三角形，然后涂抹一层薄薄的咸黄油，由宽到窄、自上而下轻轻卷成羊角状。

（5）面团相互间距8cm，整齐地摆在烤盘上，放入醒发箱发酵至两倍大，刷蛋液，放入烤箱。

（6）烤箱温度：上火210℃，下火190℃，烘烤15min出炉。

5．注意事项

（1）和面时先低速搅拌面团至基本成形后加入海盐，再加入黄油高速搅拌。

（2）松弛好的面团在擀成倒三角时一定要薄厚均匀，卷成羊角时用力均匀，不要形成小气泡。

（3）由宽到窄卷起时，切不可卷得太紧，以免醒发过程中爆开。

（4）松弛面团时，用保鲜膜包裹，以防面团风干。

（5）根据面团的软硬程度，适当增减水的用量。

十七、牛角包

1．品种介绍

牛角面包被法国人通称为维也纳甜面包，成为法国文化也是法国传统的一种象征。如弯月形的可颂面包，味道均衡、外焦里嫩、口感酥香柔软、层次丰富清晰、色泽金黄光亮。食物的美味已经盖过了一切赞美的词汇，一杯香醇的摩卡，配上柔软的牛角面包，一个浪漫的下午便开始了。

2．器具及设备

电子秤、烤箱、搅面机、烤盘、擀面杖、尺子、刀。

3．原料

原料	用量	原料	用量
面包粉	420g	鸡蛋	1个
酵母	5g	水	190g
砂糖	50g	黄油	20g
淡奶油	40g	片状黄油	300g

4．制作步骤

（1）将面包粉、酵母、砂糖、淡奶油、鸡蛋和水倒入搅面机，搅拌成棉絮状，加入黄油，继续搅拌至面团成膜拿出，面团用保鲜膜包裹，常温松弛30min。

（2）将松弛好的面团擀成片状，大小是片状黄油的两倍，把黄油放中间，两边向中间包裹起来，上下两边按严实后，擀开。

（3）擀好后，两边往中间对折，然后再对折，继续擀开，重复三次，擀三叠三，把面团擀成8mm的薄皮。

（4）用刀切成底边6cm、腰长14cm的等腰三角形，中间切1cm的口，掰开，顺中线卷上去，卷成牛角形状，整齐地摆在烤盘上，面团相互间距8cm，放入醒发箱，30℃发酵1h，刷蛋液，放入烤箱。

（5）烤箱温度190℃，烤制20min出炉。

5. 注意事项

（1）裹入片油的硬度和面团的硬度要一致。

（2）裹入片油后先用擀面杖按压，使油先延展再擀开。

（3）每擀制一次需要冷冻5min再擀制第二次。

（4）最后切割之前要充分松弛，否则切割后面片会变形。

（5）卷好的牛角包均匀摆好，要留有间距，发酵会产生膨胀。

（6）醒发温度控制在30℃下，温度过高黄油会从面团渗出。

十八、脏脏包

1. 品种介绍

脏脏包又名巧克力可颂，是一种新兴的网红美食，浓郁的巧克力包裹着酥香可口的黄油，每一口下去都是满满的幸福感，表层的可可粉在不经意间沾满了嘴巴，香美甜腻、口齿留香。

2. 器具及设备

电子秤、搅面机、醒发箱、烤箱、擀面杖、尺子、刀、面筛。

3. 原料

原料	用量	原料	用量
面团材料		水	220g
高筋粉	200g	黄油	20g
低筋粉	220g	片状黄油	300g
可可粉	20g	巧克力屑	100g
酵母	12g	淋面材料	
砂糖	24g	巧克力	80g
淡奶油	40g	淡奶油	80g
鸡蛋	30g		

4. 制作步骤

（1）将面团材料里除黄油以外的所有材料搅拌在一起，搅至光滑，将黄油加入面团中搅到面团成膜，用保鲜膜包裹，放入冰箱冷冻30min。

（2）将面团从冰箱取出，把面团擀成长方形，最终面团两端能对折包裹好片状黄油的大小即可，最后将片状黄油放上，从两端把黄油包住。

（3）用擀面杖擀成长条形，将两端不平整的地方切掉，分别往中间对折，再对折，擀制到厚度1cm时，对折再对折，擀三叠三。用保鲜膜包裹，放入冰箱冷藏30min。

（4）取出面团，擀成5mm薄片，切成9cm×22cm的长方形，将巧克力屑放一些在面团上，卷起来，相互间距8cm，整齐地放入烤盘。

（5）放入醒发箱，28℃发酵1h，放入烤箱。

（6）烤箱温度190℃，烤制20min出炉，凉凉。

（7）淋面制作：巧克力切碎，和淡奶油倒在一起隔水熔化，倒入裱花袋，淋在面包上，表面筛上可可粉即可。

5. 注意事项

（1）可颂类面包最大的问题就在于容易混酥，一定要保证面团的软硬度与片状黄油的软硬度相对合适，过软或过硬都会使开酥失败。

（2）若无片状黄油，可用无盐黄油，把它切成片状，在常温下稍稍软化后，用擀面杖敲打紧实，以增加延展性。擀面应快，以避免黄油融化。

（3）因为配方中含有低筋面粉，所以揉出手套膜很困难，只要能揉出厚厚的膜即可。

（4）开酥问题：夏天每一次折叠都需要放在冰箱冷藏30min，防止黄油融化，可颂的开酥才能完美。擀制面团时用力要均匀，防止将面皮擀破导致混酥。

西式面点品种
质量诊断案例

戚风
蛋糕

一、戚风蛋糕的品质要求

组织膨松柔软、含水量多，口感细腻、口味清淡。

二、戚风蛋糕常出现的质量问题及原因

（一）表面有凹陷或者回缩

1. 面粉部分搅拌不均匀。

2. 拌好的面糊未及时放入烤箱。

3. 烤箱密封不足。

4. 烤好后的蛋糕未及时倒扣。

5. 烘烤时间过短或过长。

6. 蛋清打发不足。

7. 蛋清消泡。

（二）底部凹陷

1. 面糊部分搅拌起筋。

2. 底火过高。

3. 底部有大气孔，或者有水汽、油脂。

4. 面糊倒入模具后震动力太大。

（三）缩腰

1. 没有凉透就脱模，蛋糕体内部组织结构不稳定。

2. 面糊部分搅拌起筋。

（四）表面颜色过深或过浅

1. 过深：烘烤温度过高，烘烤时间过长。

2. 过浅：未加糖；烘烤时间过短；烤箱温度过低；烤箱容积小。

（五）有腥味等奇怪味道

1. 鸡蛋不新鲜。

2. 烘烤时间太短，未烤熟。

3. 容器、器具未清洗干净。

4. 使用了味道浓重的油。

（六）内部有大气孔

1. 面火过高。

2. 蛋黄糊和蛋清没有搅拌均匀。

3. 蛋清打发不足。

4. 蛋糕糊倒入模具时用力过大，卷入空气，产生气泡。

（七）高度不够

1. 模具内盛装分量少。

2. 蛋清打发程度不够。

3. 模具内壁有油。

4. 蛋清消泡严重。

5. 烘烤温度太低。

6. 蛋黄糊含水量多，面糊过稀，导致面粉支撑力不强。

（八）出现布丁层

1. 蛋清消泡。

2. 面糊没有马上放入烤箱。

3. 没有烤熟就出炉，晾凉后内部有结块并沉淀。

（九）内部湿黏

1. 烘烤时间过短。

2. 烘烤温度过低。

3. 面糊过稀。

4. 蛋清消泡。

三、戚风蛋糕注意事项

1. 打蛋清的盛器一定要无水、无油。

2. 面糊跟蛋白翻拌时不要转圈、时间不要过长。

3. 鸡蛋一定要新鲜，分蛋时蛋白里不能有一丝蛋黄。

4. 模具一定不要粘油。

5. 出炉后倒扣，凉透再出模。

一、可颂面包制作的工艺流程

调制面团→整形冷冻→包油→擀制→折叠（反复三次，每次需冷冻5min）→成形→醒发→刷蛋液→烘烤→成品

二、可颂面包的品质要求

色泽金黄光亮、层次丰富清晰、外酥里嫩、酥软香甜。

三、可颂面包出现的质量问题及原因

（一）擀制过程中面团变软

立即放入冰箱进行冷却，如果面团在成形操作中变软，黄油一旦融化，就会失去可塑性。

（二）醒发阶段黄油从面团渗出

醒发箱温度过高，保持在28～30℃醒发。

（三）烤制完成的可颂表面断裂

1. 成形时面团卷压得过于紧凑。
2. 面团水量不够。
3. 醒发不足。

（四）烤制完成的产品出现倾斜倒塌

成品放入烤盘后，未向下轻轻按压面团。

（五）可颂需要注意的问题

1. 正确选择原料，面粉应选用中高筋面粉，宜用熔点较高的油脂。

2. 面团应与油硬度一致。

3. 手工起酥时，擀制面坯用力要均匀，避免破酥。

4. 分割面坯时，所用刀具要锋利，以免层次受影响。

5. 烘烤时一定要烤熟烤透，以免产品收缩变形。

一、面包制作的基本工艺流程

面团搅拌→松弛→分割→搓圆→中间醒发→成形→最后醒发→烘烤前装饰→烘烤→烘烤后装饰→冷却→成品

二、面包的品质要求

表皮薄而柔软、色泽金黄、组织细腻、富有弹性、香味正常、不发酸、不粘牙。

三、面包常出现的质量问题及原因

（一）面包体积过小

1. 酵母量不足，酵母失效。
2. 面粉筋力不够，搅拌时间不够，搅拌不足。
3. 发酵温度不够，糖、油太少。

（二）面包表面色泽过深

1. 糖太多。
2. 发酵不足。
3. 烤箱炉温太高，面火过大。

（三）面包表皮太厚

1. 糖、油不足。

2. 醒发时温度不够。

3. 炉温低，烘烤太久，水分挥发过多。

（四）面包组织粗糙

1. 面粉质量差，搅拌不足。

2. 面团太硬，发酵时间过长。

3. 搓包不紧。

4. 油不足。

5. 醒发不足。

（五）面包表面起皱

1. 面粉筋力差，搅拌不足。

2. 缺少盐、油、糖、改良剂等。

3. 水分过多，面团过软。

4. 发酵过度，醒发过久。

5. 烤箱炉温太低，面包的醒发温度为36~38℃，相对湿度为75%~85%。

吐司

一、吐司的品质要求

吐司表面有圆润的白边，整体烤色均匀，表面光滑无磨损，也不掉渣。吐司芯纹理整齐松软、气泡整齐细致，口感膨松轻软、温润有弹性。

二、吐司常出现的质量问题及原因

（一）吐司烤好后表面略厚，口感较硬

1. 烘烤的时间太长。
2. 含糖量过高。

（二）吐司烤好后颜色很白

1. 发酵时间过长，酵母就会吃光面团内部的糖分。
2. 烘烤的温度太低。

（三）出模后侧面凹陷进去

1. 烘烤时间和温度不足。
2. 烘烤时模具间距太近。

（四）吐司烤好后粘在盖子上

1. 烘烤时间过久。
2. 发酵过度。

（五）吐司芯产生大孔洞

    1. 发酵不足。

    2. 发酵过头。

（六）烤色不均匀，无光泽

    1. 烤箱温度太低。

    2. 面团发酵过度。

（七）吐司顶部塌陷

    1. 配方含水量太大，无法烘烤成熟。

    2. 搅拌面团时间过久，导致面筋打发断裂。

    3. 烤制时间不够，没有完全烘烤成熟。

三、注意事项

    1. 不同季节、不同品牌面粉的吸水量不同，可适当调节水的用量。

    2. 不同季节、不同烤箱的性能有差异，可适当增减烤箱的温度。

一、泡芙制品起发原理

　　泡芙的品质主要是由面粉的特性及特殊的制作工艺所决定的，由于面粉经过开水烫熟后，面粉中所含的蛋白质变性，淀粉糊化，使面粉产生了黏性，而且面糊加入了较多的鸡蛋，并经过充分搅拌，蛋白本身就有发泡性，在搅拌过程中，大量空气充入面糊中，烘烤的过程中蛋白发泡性和面糊中空气的受热、膨胀等因素的同时作用，使制品起发，体积膨大。

二、泡芙的制作工艺流程

　　黄油+牛奶→煮开→烫面粉→冷却（60～70℃）→分次加入鸡蛋搅拌→面糊→装裱花袋→成形→成熟→成品→装饰灌馅

三、泡芙的品质要求

　　色泽金黄、体积膨胀、内部空心、外皮酥脆。

四、泡芙常出现的质量问题及原因

（一）泡芙塌扁

　　1. 面粉糊化不够，或是糊化太久。

2. 蛋液加太多。

3. 烤箱温度过低。

4. 最后完成拌和的面糊，其温度没能达到温热。

5. 烘烤过程中开烤箱。

（二）泡芙有裂口

1. 面糊太稠。

2. 烘烤时间过久。

五、制作泡芙注意的问题

1. 面粉一定要过筛，以免出现颗粒。

2. 面糊一定要烫熟、烫透、烫匀。

3. 鸡蛋必须分次加入，加入后必须搅拌均匀。

4. 掌握好面糊的黏稠度，以免影响产品起发和形状。

5. 挤件时大小要均匀，并注意生坯间距。

6. 掌握好烘烤时间。

[1] 王成贵, 张佳. 面点基本功实训教程[M]. 北京：中国财富出版社, 2013.

[2] 上海市职业技能鉴定中心. 西式面点师：五级[M]. 北京：中国劳动社会保障出版社, 2012.

[3] 贾成山, 郭晓海. 西式面点技术[M]. 北京：中国财富出版社, 2013.

[4] 祁可斌, 王峰. 西式面点制作入门[M]. 北京：机械工业出版社, 2012.

[5] 吴志明, 刘玮. 西式面点制作[M]. 北京：化学工业出版社, 2011.

[6] 陈怡君. 西式面点制作教与学（创新教学书系）（附光盘）[M]. 北京：旅游教育出版社, 2009.

[7] 边兴华. 西式面点师：高级[M]. 北京：中国劳动社会保障出版社, 2008.

[8] 刘科元. 创意西点制作[M]. 上海：东华大学出版社, 2011.

[9] 刘科元. 可口面包制作[M]. 上海：东华大学出版社, 2011.

[10] 劳动和社会保障部教材办公室. 中式面点师：中级[M]. 北京：中国劳动社会保障出版社, 2012.

[11] 季鸿崑, 周旺. 面点工艺学[M]. 北京：中国轻工业出版社, 2006.

蛋糕制作工艺与实训　彩色印刷

李天乐　主编
页数：232页
定价：49.00元
ISBN：978-7-5184-3134-2

更多精彩内容

内容简介

本教材内容包括蛋糕制作基础知识、清洁卫生消毒实训、乳沫蛋糕综合实训、戚风蛋糕综合实训、面糊蛋糕综合实训、技能提升综合实训、蛋糕知识综合测试七个项目，下设66个实训任务，每个实训任务都配有高清步骤图和视频演示资源，引导学生在网络环境下快速开展自主学习和交流活动，获取全方位、高质量、即时化的数字资源。

西点制作基础　双色印刷

周航　主编
页数：216页
定价：42.00元
ISBN：978-7-5184-2265-4

更多精彩内容

内容简介

本教材主要介绍了西点的种类与特点、西点常用的设备器具和原辅材料、烘焙百分比、西点基础酱汁、奶油膏制作等知识；同时，在阐述蛋糕类、点心类制作工艺的基础上，详细介绍海绵类蛋糕、戚风类蛋糕、面糊类蛋糕和起酥类、挞派类、曲奇饼干类、泡芙、冷冻甜点及其他类西点的制作技术。

西点制作教程（第二版）　双色印刷

陈洪华　李祥睿　主编
页数：268页
定价：49.00元
ISBN：978-7-5184-2256-2

更多精彩内容

内容简介

本教材主要内容包括西点制作常用工具和设备，西点制作原料知识，西点制作基础和西点制作工艺实例，详细介绍了面包、蛋糕、清酥、混酥、饼干、泡芙、布丁、舒芙蕾、司康、巴恩、冷冻甜食及蛋白类甜品制作工艺，并简要介绍了西点制作装饰工艺和西点饮食习俗。

西式面点制作基础教程　彩色印刷

罗因生　著
页数：180页
定价：59.00元
ISBN：978-7-5184-2634-8

更多精彩内容

内容简介

本书内容主要分为五部分，即西点烘焙基础知识、面包类西点制作、饼干类西点制作、点心类西点制作和蛋糕类西点制作。全书共介绍了四大类西点中具有代表性的71个品种，图文并茂，制作步骤和制作方法清晰明了。同时，有针对性地介绍了作者多年授课所总结的西点制作技巧。

软欧面包制作教程　彩色印刷

李杰　主编
页数：200页
定价：88.00元
ISBN：978-7-5184-1960-9

更多精彩内容

内容简介

本书按面包的不同款式和用途分为五个部分，即基础软欧面包、撒粉类艺术装饰面包、开刀类艺术装饰面包、编织类艺术装饰面包和包面类艺术装饰面包，共计67款。面团材料配比详细、制作步骤清晰，并配有精美的实物照片，让读者能够轻松直观地掌握不同面包的做法。

米烘焙技法全书　彩色印刷

徐秀瑜　著
页数：196页
定价：98.00元
ISBN：978-7-5184-3145-8

更多精彩内容

内容简介

本书全面而系统地介绍了如何使用米谷粉制作烘焙甜点的技法，制作品种包括米蛋糕、米点心、米饼干、米面包等，无麸质的"米"烘焙健康食谱，不仅符合当前人们享受美食的心态，而且避免了麸质过敏的烦恼。内附视频，跟着书中配方和步骤即可轻松做出各式米烘焙甜点。